Florian Ion T. PETRESCU

ÎNDRUMAR DE LABORATOR DE TEORIA MECANISMELOR

-USA 2012-

Scientific reviewer:

Dr. Veturia CHIROIU
Honorific member of
Technical Sciences Academy of Romania (ASTR)
PhD supervisor in Mechanical Engineering

Copyright

Title book: Indrumar de laborator de teoria mecanismelor

Author book: Florian Ion T. PETRESCU

© 2002-2012, Florian Ion T. PETRESCU
petrescuflorian@yahoo.com

ALL RIGHTS RESERVED. This book contains material protected under International and Federal Copyright Laws and Treaties. Any unauthorized reprint or use of this material is prohibited. No part of this book may be reproduced or transmitted in any form or by any means, electronic or mechanical, including photocopying, recording, or by any information storage and retrieval system without express written permission from the author / publisher.

ISBN 978-1-4818-7253-9

CUPRINS

CUPRINS.. 003
Cap 01 STRUCTURA MECANISMELOR... 004
Cap 02 CINETOSTATICA DIADEI RRT... 030
Cap 03 DETERMINAREA (APROXIMATIVĂ) A REACŢIUNII DINTRE CILINDRU
ŞI PISTON LA MECANISMELE MOTOARELOR CU ARDERE INTERNĂ.............. 032
Cap 04 CINEMATICA MECANISMELOR MOTOARELOR CU ARDERE INTERNĂ..... 034
Cap 05 DETERMINAREA RANDAMENTULUI MECANISMULUI MOTOR.............. 036
Cap 06 DETERMINAREA EXPERIMENTALĂ A MOMENTELOR DE INERŢIE........ 039
Cap 07 DETERMINAREA RAZEI DE CURBURĂ A UNUI PUNCT DE PE BIELĂ..... 041
Cap 08 CINETOSTATICA DIADEI RRR.. 044
Cap 09 DISTRIBUŢIA FORŢELOR LA MECANISMUL PATRULATER ARTICULAT... 048
Cap 10 DETERMINAREA REACŢIUNII DIN CUPLA MOTOARE LA MEC. 4R...... 053
Cap 11 ECHILIBRAREA STATICĂ TOTALĂ A MECANISMULUI 4R................. 056
Cap 12 DETERM. MOM. DE INERŢIE MECANIC RED. LA MANIVELĂ, LA MEC. 4R... 059
Cap 13 MECANISMUL CARE ARE ÎN COMPONENŢĂ O CULISĂ OSCILANTĂ..... 062
Cap 14 MECANISMUL ÎN CRUCE.. 064
Cap 15 MECANISMUL UNEI PRESE... 068
Cap 16 UN MECANISM DE TIP CRUCE DE MALTA (Geneva driver).......... 070
Cap 17 DETERMINAREA EXPERIMENTALĂ A VALORII CRITICE A UNGHIULUI DE
PRESIUNE PENTRU MECANISMELE CU CAMĂ................................... 072
Cap 18 DETERMINAREA EXPERIMENTALĂ A PARAMETRILOR
DE POZIŢIE PENTRU MECANISMELE CU CAMĂ ŞI TACHET................ 074
Cap 19 ANGRENAJE.. 076
Cap 20 STUDIUL CINEMATIC AL MECANISMELOR CU ROŢI DINŢATE....... 080
Cap 21 DETERM. RANDAMENTULUI MEC. AL UNUI PLANETAR SIMPLU..... 086
Cap 22 SINTEZA GEOMETRO-CINEMATICĂ A MECANISMELOR PLANETARE... 089
Cap 23 ECHILIBRĂRI STATICE ŞI DINAMICE... 093
Cap 24 DETERMINAREA MOMENTELOR DE INERŢIE MASICE (MECANICE)..... 101
Cap 25 DETERMINAREA MOMENTULUI DE INERŢIE MASIC AL VOLANTULUI (J_v)... 105
Cap 26 ANALIZA CINEMATICĂ A MEC. ARTICULAŢIEI UNIVERSALE SIMPLE.... 107
Cap 27 INFLUENŢA ABATERILOR DE PLANEITATE A FURCILOR
INTERMEDIARE LA MECANISMUL ARTICULAŢIEI UNIVERSALE DUBLE........ 111

CAP. I STRUCTURA MECANISMELOR

Maşina şi mecanismul ca sisteme tehnice

Maşina este un sistem tehnic alcătuit din părţi componente distincte cinematic (numite elemente cinematice) care realizează, în urma imprimării de mişcări impuse unui element sau mai multor elemente (considerate elemente conducătoare), mişcări determinate la toate celelalte elemente cinematice, cu scopul de a executa un lucru mecanic util, sau de a transforma o formă oarecare de energie în energie mecanică. Rezultă din definiţia anterioară, trei caracteristici esenţiale ale maşinii:

-maşina reprezintă un sistem tehnic;

-elementele sale cinematice au mişcări determinate (desmodromice);

-ea execută fie un lucru mecanic util, numindu-se maşină lucrativă, ori transformă o formă oarecare de energie în energie mecanică, purtând denumirea de maşină motoare.

Maşinile lucrative sunt autovehiculele, locomotivele, vagoanele motor, presele, maşinile unelte, pompele, compresoarele, maşinile agricole, maşinile de ridicat şi transportat, etc.

Maşinile motoare sunt motoarele termice cu ardere externă (Stirling, Watt), sau cele cu ardere internă (Lenoir, Otto, Diesel, Wankel, în stea), turbinele, motoarele hidraulice, motoarele cu reacţie, motoarele pneumatice, motoarele sonice, motoarele electrice (electromagnetice), motoarele ionice, motoarele cu fascicule energetice sau cu LASER, etc.

Observaţie: Maşinile motoare pot fi trecute şi ele în categoria maşinilor lucrative, dar numai a celor complexe (maşini de lucru complexe) denumite agregate.

Mecanismul

Mecanismul este un sistem tehnic alcătuit din părţi componente distincte cinematic (numite elemente cinematice), ce posedă mişcări determinate şi periodice, care au scopul de a transmite şi sau transforma mişcarea iniţială (dată de unul sau mai multe elemente motoare, de intrare) la elementul (sau elementele) final(e) (de ieşire).

Mecanismul îndeplineşte astfel primele două caracteristici esenţiale ale maşinii.

Mecanismele pot funcţiona fie separat, fie ca dispozitive incluse în ansamblurile maşinilor lucrative sau motoare.

Trebuie făcută precizarea că o maşină conţine în general mai multe mecanisme.

Mecanismul are în componenţa sa elemente cinematice şi cuple cinematice.

În continuare se vor prezenta câteva mecanisme.

Mecanismele cel mai des întâlnite sunt cele plane, cu bare, cu roţi dinţate, cu came, cu cruce de malta, cu lanţuri, cu curele, cu şenile, cu bolţuri, cu lichide (hidraulice, sau sonice), cu aer (pneumatice). Se utilizează însă tot mai des şi mecanismele spaţiale, cu cruce cardanică (articulaţia universală) şi transmisie cardanică, cu angrenaje hiperboloidale (cu axe încrucişate), cu pivoţi (cuple sferice) mai ales la mecanismele de direcţie şi suspensie, mecanisme cu tripode, mecanisme cu came spaţiale, mecanisme cu şurub şi piuliţă, roboţi, sisteme seriale şi paralele, păşitori, etc.

În figura 1 a este prezentată biela legată de piston (printr-un bolţ), iar în figura 1 b se prezintă arborele motor (sau cotit), care împreună constituie cele trei elemente mobile ale unui motor termic, sau compresor. În figura 2 se poate observa partea principală a ambielajului unui motor clasic în V (lipseşte arborele cotit).

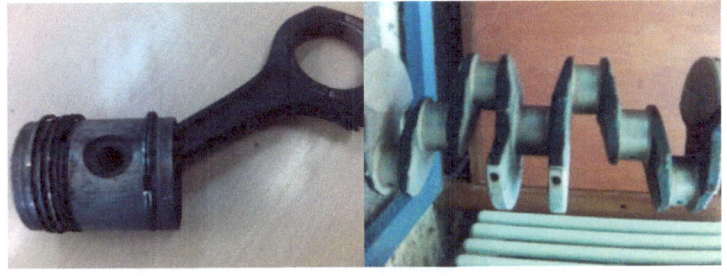

a)   b)
Fig. 1. *Componentele mobile ale unui motor termic*

În figura 3 sunt prezentate două mecanisme cu bare, plane: a)mecanismul bielă-manivelă-piston; b)mecanismul patrulater plan (sau articulat).

În figura 4 sunt prezentate alte două mecanisme plane cu bare: a)mecanismul cu tijă oscilantă; b)mecanismul cu culisă oscilantă.

Fig. 2. *Componente ale unui motor în V*

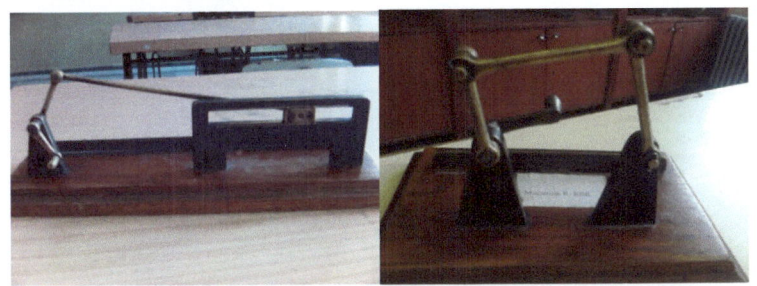

a)   b)
Fig. 3. *Mecanisme cu bare: a)mec. piston; b)mec. patrulater*

a)   b)
Fig. 4. *Mecanisme plane cu bare: a)mec. cu tijă oscilantă; b)mec. culisă-oscilantă*

În figura 5 sunt prezentate alte două mecanisme plane cu bare: a)mecanismul transportor cu cruce; b)mecanismul motorului în V.

a)   b)
Fig. 5. *a)mecanismul transportor cu cruce; b)mecanismul unui motor clasic în V*

În figura 6 sunt prezentate alte două mecanisme: a)mecanismul unui motor Lenoir (motorul în doi timpi); b)mecanismul unui schimbător de viteze clasic (manual).

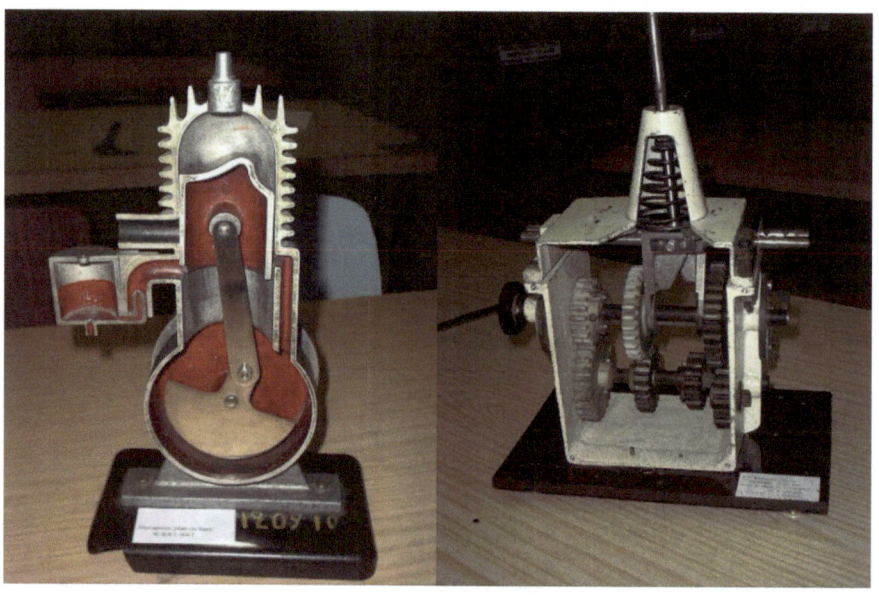

a)   b)
Fig. 6. *a)mecanismul unui motor Lenoir (motorul în doi timpi); b)mecanismul unui schimbător de viteze clasic (manual)*

În figura 7 sunt prezentate alte două mecanisme: a)mecanismul articulației cardanice sau universale (crucea cardanică); b)mecanismul cu cruce de Malta cu două începuturi.

a)   b)

Fig. 7. *a)mecanismul articulaţiei cardanice sau universale (crucea cardanică); b)mecanismul cu cruce de Malta cu două începuturi*

a)   b)

Fig. 8. *a)mecanism planetar; b)mecanism cu camă rotativă şi tachet translant*

În figura 8 sunt prezentate alte două mecanisme: a)mecanismul planetar; b)mecanismul cu camă rotativă şi tachet translant.

Elemente şi cuple cinematice

Mecanismul aşa cum am arătat deja este compus din elemente cinematice, legate între ele prin articulaţii (sau cuple) cinematice.

Definiţie: „*Cupla cinematică este legătura permanentă, directă şi mobilă dintre două elemente cinematice.*"

Clasificarea cuplelor cinematice se poate face după patru criterii principale: **geometric, cinematic, constructiv şi structural**.

a)Criteriul geometric

Din punct de vedere geometric există cuple cinematice inferioare şi superioare.

Cuplele cinematice inferioare sunt cele la care contactul dintre elemente se realizează pe o suprafaţă. Această suprafaţă poate fi cilindrică, conică, sferică, plană, elicoidală, etc.

Cuplele cinematice inferioare sunt reversibile, suprafețele în contact fiind geometric identice, mișcarea relativă a elementelor nemodificându-se indiferent care dintre ele este fix sau mobil, conducător sau condus.

Cuplele cinematice superioare sunt cele la care contactul dintre elemente se realizează după o linie sau pe un punct. Linia poate fi dreaptă sau curbă (arc de cerc).

Cuplele cinematice superioare sunt ireversibile. Cel mai bun exemplu este cel al cuplei șină roată (figura 9).

În situația când șina 2 este fixă iar roata 1 se rostogolește punctul de contact I va descrie cicloda C_{12}. Dacă roata 1 este fixă și șina 2 se rostogolește, punctul de contact I va descrie evolventa E_{21} [1].

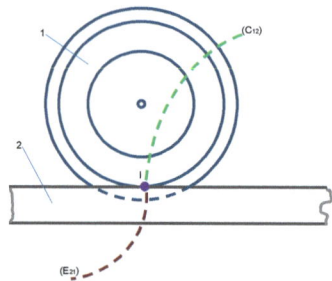

Fig. 9. *Cuplă superioară roată-șină*

b)*Criteriul cinematic*

Din punct de vedere cinematic distingem cuple plane și cuple spațiale.

Cuplele cinematice plane permit elementelor componente numai mișcări plane (într-un singur plan, sau în mai multe plane paralele între ele).

Cuplele cinematice spațiale permit elementelor componente mișcări spațiale (există cel puțin un punct care nu se poate încadra cu mișcarea sa doar într-un singur plan).

c)*Criteriul constructiv*

Din punct de vedere constructiv se disting cuple cinematice închise și cuple cinematice deschise.

Cuplele cinematice închise sunt cele la care contactul dintre elementele cuplei se face prin ghidare, prin calare, iar cele două elemente ale cuplei nu pot fi separate fără demontare, sau rupere.

Cuplele cinematice deschise sunt cele la care contactul dintre elementele cuplei se face direct prin forțe exterioare (de greutate, electromagnetice, de tensiune, elastice, etc), iar cele două elemente ale cuplei pot fi separate ușor și direct fără demontare, sau rupere.

d)*Criteriul structural*

Din punct de vedere structural cuplele cinematice se împart în cinci clase, în funcție de numărul gradelor de libertate anulate (răpite), C_1-C_5.

Dacă notăm cu l numărul gradelor de libertate relative pe care cupla cinematică le permite (l=1,5), și cu k numărul mișcărilor oprite (restricționate de cuplă), (k=1,5), putem scrie relațiile (1).

$$\begin{cases} l + k = 6 \\ l = 6 - k \\ k = 6 - l \end{cases} \qquad (1)$$

Clasa cuplei cinematice va fi dată de k (numărul de restricţii impuse de cuplă).

În tabelul din figura 10 sunt prezentate câteva cuple, aşezate pe clase [2]. La cuplele de clasa 1, care au o singură restricţie şi 5 libertăţi, se prezintă cupla sferă pe plan (superioară, spaţială, deschisă, C_1). La cuplele de clasa a doua, avem sfera în cilindru (superioară, spaţială, închisă, C_2) şi cilindru pe plan (superioară, spaţială, deschisă, C_2). La cuplele de clasa a treia, avem sfera în sferă (inferioară, spaţială, închisă, C_3), sfera în cilindru, cu deget (superioară, spaţială, închisă, C_3), şi plan pe plan (inferioară, plană, deschisă, C_3).

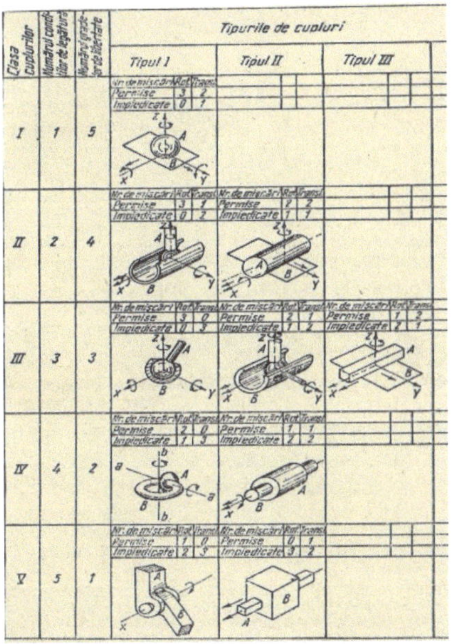

La cuplele de clasa a patra, avem un tor care ghidează pe alt tor (superioară, spaţială, închisă, C_4), şi cilindru în cilindru (inferioară, spaţială, închisă, C_4). Tot aici putem aminti şi cuplele superioare, cu came, cu roţi dinţate, cu bolţ, cruce de Malta, articulaţia cardanică sau universală (fig. 11), tripodele (planetarele, fig. 13), cupla Thompson (fig. 12), cuplele cu viteză constantă, sau cu bile (fig. 14), etc.

Fig. 11. *Crucea cardanică*

Fig. 10. *Clasificarea structurală a cuplelor*

Fig. 12. *Cupla Thompson*

La cuplele de clasa a cincea, avem cupla de rotaţie (inferioară, plană, închisă, C_5) şi cupla de translaţie (inferioară, plană, închisă, C_5). Mai putem însă aminti şi cupla şurub-piuliţă (fig. 15).

Fig. 13. *Cuplă tripodă*

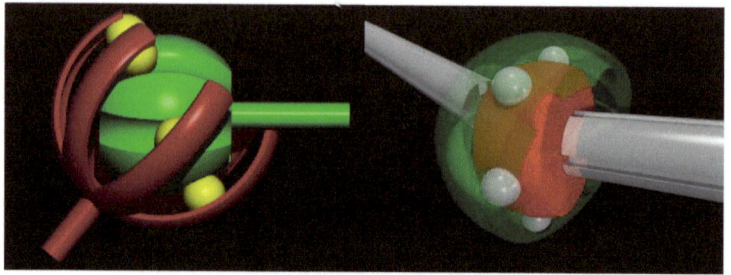

Fig. 14. *Cuplă cu viteză constantă (cuplă cu bile)*

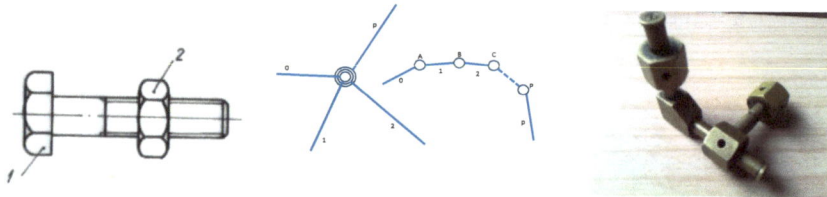

Fig. 15. *Cupla şurub-piuliţă*   **Fig. 16.** *Cuple complexe*   **Fig. 17.** *Cuplă complexă*

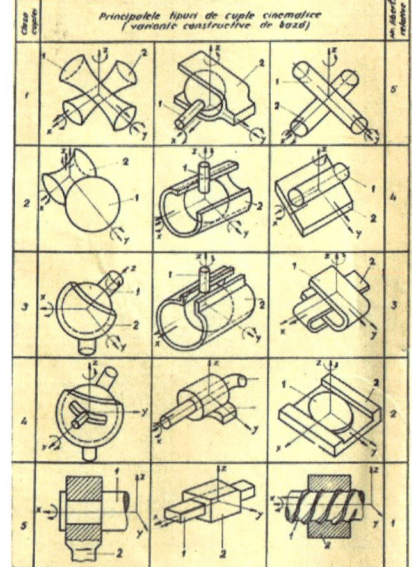

Prin definiţie cuplele cinematice leagă două elemente cinematice între ele, dar nici mai puţin nici mai mult de două.

În unele clasificări din acest motiv cuplele normale sunt denumite simple, iar complexe (sau compuse, ori multicuple) sunt denumite cuplele care încalcă definiţia fiind formate din mai multe elemente, dar şi din mai multe legături (cuple simple). O astfel de cuplă are întotdeauna p-1 legături şi p elemente, şi are elementele aşezate radial (în paralel, fig. 16 a), în serie (fig. 16 b), sau mixt [3]. Se consideră ca fiind o singură cuplă compusă, şi se analizează toate mişcările ei date de libertăţile adunate de la toate cuplele simple componente (fig. 17). Astfel, cupla din figura 17 este compusă din patru elemente cinematice distincte şi trei cuple simple. În tabelul din figura 18 sunt prezentate schemele constructiv axonometrice ale cuplelor elementare.

Fig. 18. *Tabel cu reprezentări constructiv axonometrice ale cuplelor elementare*

Analiza structurală a mecanismelor

Analiza structurală a mecanismelor plane

În continuare se va urmări analiza structurală a mecanismelor plane, ele fiind mecanismele cel mai des întâlnite. Se urmăreşte determinarea modului de formare a mecanismului, precizându-se numărul şi tipul elementelor şi cuplelor cinematice componente, gradul de mobilitate al mecanismului, precum şi clasa din care face parte (în acest scop se determină schema cinematică, schema structurală și schema bloc sau de conexiuni).

Schema constructivă a unui mecanism plan (cu bare)

În figura 19 se prezintă schema constructivă a unui mecanism plan cu bare.

 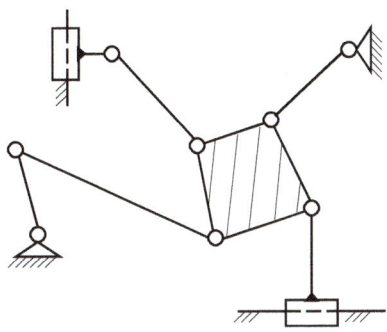

Fig. 19. *Schemă constructivă mec. plan cu bare*   **Fig. 20.** *Schema cinematică a mec.*

Determinarea schemei cinematice a mecanismului din figura 1

În figura 20 se poate urmări schema cinematică a mecanismului plan din figura 1, schemă simplificată, care ajută la studiul mecanismului (cinematic, structural, cinetostatic, dinamic, etc...). În fig. 21 se arată modul de determinare a elementelor cinematice pornind de la elementul 1 conducător care execută o rotație completă (mișcare de manivelă), iar în fig. 22 se identifică cuplele cinematice ale mecanismului, urmând ca în figura 23 să apară schema cinematică completă, cu elementele și cuplele cinematice identificate.

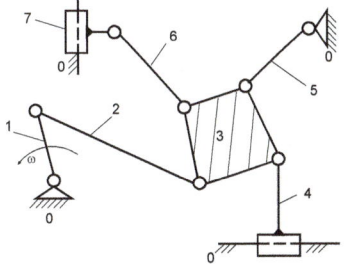

Fig. 21. *Identificarea elementelor cinematice*   **Fig. 22.** *Identificarea cuplelor cinematice*

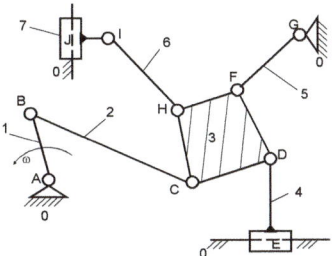

Fig. 23. *Schema cinematică a mecanismului, cu identificarea elementelor și cuplelor cinematice. Cuplele se notează cu litere mari, iar elementele mobile cu cifre pornind de la 1; cifra 0 se atribuie elementului fix (batiul)*

Identificarea cuplelor și elementelor cinematice (tabel cuple, tabel elemente)

Elementele și cuplele cinematice au fost deja identificate intuitiv pe desen, astfel încât se pot trasa cu ușurință tabelele cuplelor și elementelor cinematice, care arată cum se formează fiecare cuplă în parte prin legarea a două elemente (cupla rezultantă, de clasa a V-a, putând fi de rotație - R sau de translație - T), dar și câte legături are fiecare element în parte (a se vedea tabelul 1):

Tabelul 1: *Tabel Cuple și Tabel Elemente Cinematice*

Tabel Cuple
A(0,1)R
B(1,2)R
C(2,3)R
D(3,4)R
E(4,0)T
F(3,5)R
G(5,0)R
H(3,6)R
I(6,7)R
J(7,0)T

Tabel Elemente	
0(A,E,G,J)IV	E─G / A─J
1(A,B)II	A─────B
2(B,C)II	B─────C
3(C,D,F,H)IV	C─H / D─F
4(D,E)II	D─────E
5(F,G)II	F─────G
6(H,I)II	H─────I
7(I,J)II	I─────J

Determinarea mobilității mecanismului

Gradul de mobilitate al mecanismului plan cu bare se determină cu formula (2):

$$M_3 = 3 \cdot m - 2 \cdot C_5 - C_4 = 3 \cdot m - 2 \cdot i - s = \\ = 3 \cdot 7 - 2 \cdot 10 - 0 = 21 - 20 - 0 = 1 \qquad (2)$$

Unde m este numărul elementelor mobile (în cazul de față m=7), C_5=i=numărul cuplelor de clasa a V-a sau inferioare, cuprinzând atât cuplele de rotație - R, cât și pe cele de translație - T, (pentru mecanismul dat i=10), iar C_4=s reprezintă numărul cuplelor de clasa a patra sau superioare (cuple formate din camă-tachet, angrenaje cu roți dințate, cruce de Malta, profile în contact, etc...), (în cazul mecanismului analizat cuplele superioare nefiind prezente, se va lua s=0).

Construirea schemei structurale a mecanismului și identificarea grupelor structurale

Schema structurală a mecanismului se construiește pornind de la tabelul elementelor cinematice. Se pleacă de la elementul fix (0). După desenarea lui având cuplele cinematice potențiale construite (în cazul de față A, E, G, J), se lipește la batiu primul element cinematic mobil (elementul 1), având grijă să potrivim cupla A de la batiu cu cea de la elementul 1. I se adaugă acestuia cupla B; apoi lipim elementele 2, 3, 4 și 5 potrivind mereu cuplele respective. Se mai adaugă elementele 6 și 7; se notează toate elementele și cuplele cinematice, după care schema structurală este gata (vezi figura 24). Observație importantă: în schema structurală toate cuplele sunt inferioare (după echivalarea cinematică a celor superioare) și toate se reprezintă la fel, cu cerculețe, ca și cum ar fi numai de rotație, chiar dacă unele dintre ele sunt de translație. Cuplele active (motoare), se înnegresc.

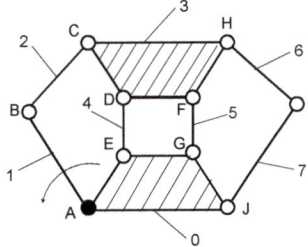
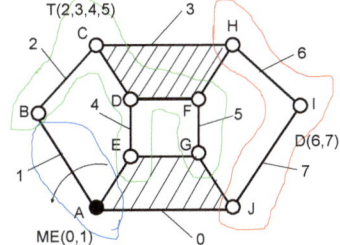

Fig. 24. *Schema structurală a mec.*

Fig. 25. *Schema structurală a mecanismului cu bare împărțită în grupele structurale componente: apare o triadă T(2,3,4,5) și o diadă D(6,7)*

În continuare se împarte mecanismul în grupe structurale (vezi figura 25). Se izolează elementul fix, batiul (0) și elementul 1-conducător (prin care intră mișcarea în mecanism), împreună cu cupla activă dintre aceste două elemente (A) – înnegrită. Se caută să se împartă mecanismul numai în diade (diada fiind grupa structurală cea mai mică, de clasa a II-a). Dacă nu este posibil se urmărește posibilitatea existenței unei grupe superioare (triada de clasa a treia, sau tetrada de clasa a patra, etc...), sau o combinată.

Studiul structural (determinarea grupelor structurale) se putea face și direct pe schema cinematică a mecanismului din figura 23, (a se vedea figura 26).

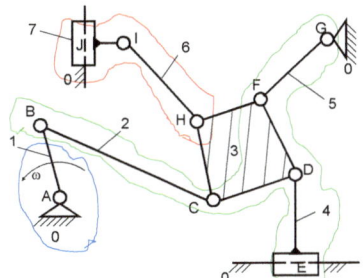
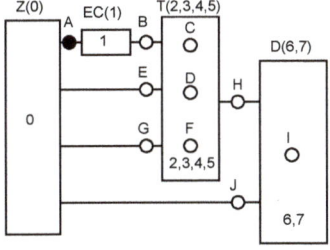

Fig. 26. *Schema cinematică a mec., cu identificarea grupelor structurale*

Fig. 27. *Schema de conexiuni a mec.*

Construirea schemei de conexiuni

Schema de conexiuni a mecanismului (figura 27) este formată din blocuri dreptunghiulare, legate între ele. Se pleacă de la blocul 0, reprezentând elementul fix care are numai butoane de ieșiri (A, E, G, J). Primul buton legat este A, care reprezintă în același timp ieșirea din blocul 0 dar și intrarea în blocul 1 (elementul conducător EC, sau moto elementul ME). Pentru 1 butonul B este ieșire iar pentru triada (2,3,4,5) el este intrare, la fel ca și butoanele (E și G). Triada are trei intrări (B, E, G) și trei cuple interioare (C, D, F); I se adaugă o cuplă de ieșire, H, care devine cuplă de intrare pentru diada D(6,7), la fel ca și cupla J ce iese din batiu. Diada are totdeauna două cuple de intrare (în cazul de față, H și J) și o cuplă interioară (la mecanismul dat, cupla I). Diadei (6,7) nu i se mai adaugă nici o cuplă de ieșire, astfel încât mecanismul este studiat complet.

Formula structurală

Determinarea formulei structurale se face cu ajutorul schemei structurale (împărţită în grupe structurale), sau prin utilizarea schemei de conexiuni:

Pentru mecanismul exemplificat formula structurală se scrie:

Z(0)+EC(1)+T(2,3,4,5)+D(6,7)   sau   Z(0)+ME(1)+T(2,3,4,5)+D(6,7)   sau
MF(0,1)+T(2,3,4,5)+D(6,7), adică zero polul + Elementul Conducător 1 (Moto Elementul) care împreună formează mecanismul fundamental MF(0,1), la care se adaugă triada T(2,3,4,5) şi diada D(6,7).

Exemple de grupe structurale

Cea mai simplă grupă structurală, este diada.

O grupă structurală (sau Assurică), trebuie să nu modifice gradul de mobilitate al mecanismului la care se adaugă; altfel spus grupa structurală are gradul de mobilitate egal cu zero. Pentru mecanismele plane se utilizează grupe structurale plane, care se sintetizează după formula structurală: $3 \cdot m - 2 \cdot i - s = 0$

După echivalarea cuplelor cinematice superioare, formula capătă forma (3):

$$3 \cdot m - 2 \cdot i = 0 \qquad (3)$$

În tabelul 2 se dau câteva perechi de numere care satisfac relaţia (3), perechi cu ajutorul cărora se vor construi grupele structurale (Assurice) plane, conţinând doar cuple i.

Tabelul 2: *Perechi de numere care satisfac relaţia (3)*

M	2	4	6	...
i	3	6	9	...

Cea mai simplă grupă structurală este diada (vezi prima celulă din figura 28). Ea este alcătuită din două elemente cinematice (ambele având rangul II, adică atât elementul 1 de lungime AB cât şi elementul 2 de lungime BC, au fiecare numai două cuple cinematice, deci fiecare este de rang II).

La orice grupă structurală clasa grupei este dată de conturul închis deformabil cu rangul cel mai mare, sau de elementul cinematic cu rangul cel mai mare.

La diadă nu există contur închis deformabil, deci clasa ei este dată de elementul cu rangul cel mai mare. Cum ambele elemente ale unei diade au rangul II, rezultă că şi clasa diadei este tot II.

Ordinul unei grupe structurale este dat de cuplele de intrare ale grupei, cuple care se mai numesc şi semicuple sau cuple potenţiale (deoarece ele se întregesc doar atunci când grupa structurală se leagă la un mecanism).

Orice grupă structurală are (a+b) cuple:
- a) cuple (semicuple) de intrare (acestea dau ordinul grupei);
- b) cuple interioare;
- c) cuple (semicuple) de ieşire; acestea putând fi adăugate în număr nelimitat, sau putând chiar să lipsească, nu se reprezintă pe schema de definiţie a unei grupe structurale, ele adăugându-se, dar nefăcând parte din grupa structurală respectivă.

Diada are două cuple (potenţiale) de intrare, (în figura 28, notate cu A şi B), deci ordinul oricărei diade este 2.

Orice diadă are şi o cuplă interioară (în tabelul din figura 28, ea fiind notată cu C).

În concluzie, diada este grupa structurală cea mai simplă, de clasa a II-a, ordinul 2, având 2 elemente și trei cuple (din care 2 sunt semicuple deoarece sunt de intrare, iar a treia este interioară).

În tabelul din figura 28, imediat sub diadă se prezintă triada. Aceasta are 4 elemente și șase cuple cinematice, din care 3 (trei) sunt cuple exterioare, de intrare (A, B, C), iar alte trei sunt cuple interioare (D, E, F). Triada nu are nici un contur închis deformabil, astfel încât clasa ei va fi dată de elementul cu rangul cel mai mare. Cum ea are trei elemente de rang II și unul de rang III (triunghiul), rezultă că orice triadă simplă are clasa a III-a.

Ordinul triadei este dat de cuplele de intrare (trei la număr), deci triada are ordinul 3.

Tot cu patru elemente mobile și șase cuple se poate construi o altă grupă structurală și anume tetrada (vezi tot coloana din stânga, rândul trei, din tabelul cuprins în figura 28).

Tetrada are un contur închis deformabil de rang IV, deci ea este o grupă structurală de clasa a IV-a.

Deoarece patru cuple sunt interioare și numai două de intrare (A și B), tetrada este de ordinul 2.

În același tabel în dreapta tetradei se poate vedea o tetradă în cruce, care este tot de clasa a IV-a, ordinul 2.

În rândul 1, a doua coloană, se poate observa o dublă triadă (având 6 elemente și 9 cuple), ea este tot de clasa a III-a, dar de ordinul 4.

Sub ea se prezintă o triplă triadă (cu 8 elemente și 12 cuple), având clasa a III-a, ordinul 5.

Există și pentadă, hexadă, etc..., dar uzuale sunt numai: diada, triada sau dubla triadă și tetrada normală sau în cruce.

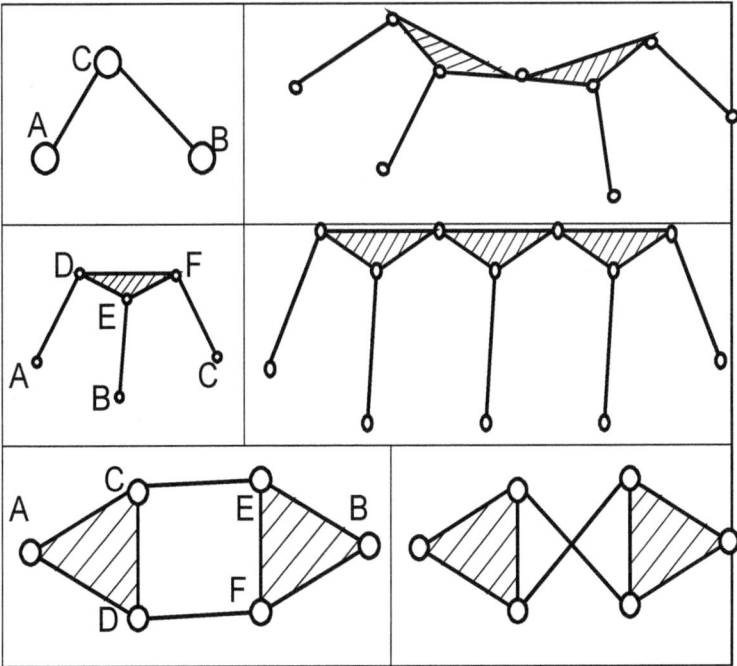

Fig. 28. *Câteva scheme ale unor grupe structurale simple (uzuale)*

Echivalarea cinematică a cuplelor superioare, s

O cuplă superioară, s, se echivalează cinematic, prin înlocuirea ei cu două cuple inferioare şi un element suplimentar (a se urmări figura 29). În figura 29 sunt tabelate câteva cuple superioare şi se arată modul lor de echivalare cinematică.

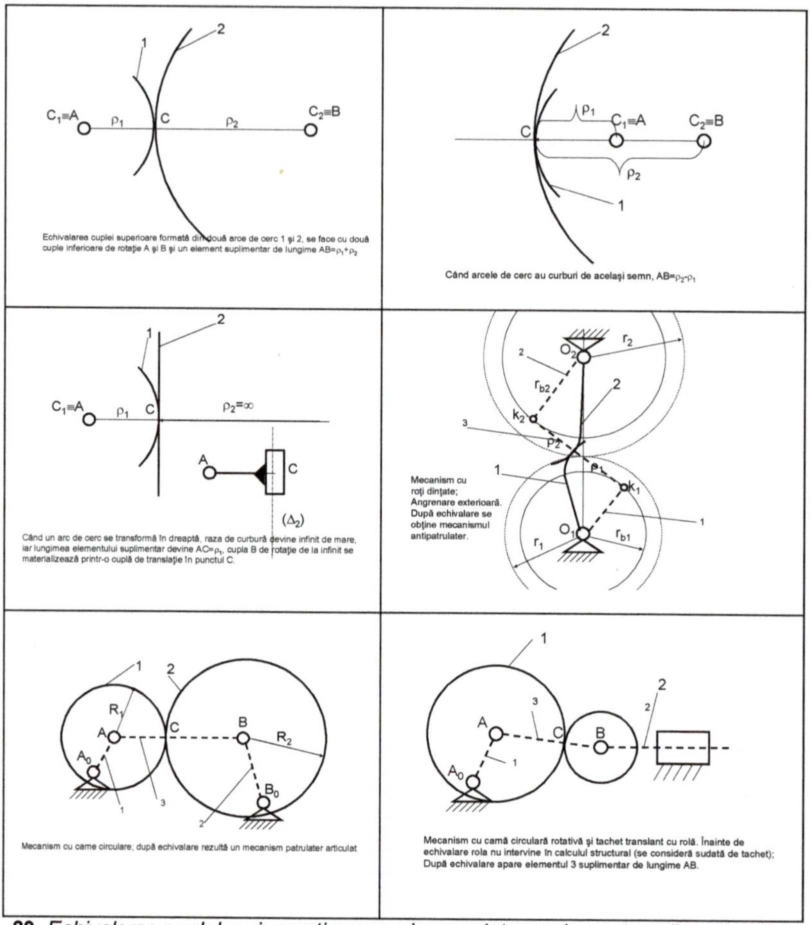

Fig. 29. *Echivalarea cuplelor cinematice superioare printr-un element suplimentar şi două cuple cinematice inferioare de clasa a V-a (de rotaţie sau de translaţie).*

Pentru mecanismele cu cinci elemente cinematice mobile şi unul fix, având un singur element conducător (motor) se pot obţine două tipuri de scheme structurale: (James) **Watt** (fig. 30) sau (George) **Stephenson** (fig. 31).

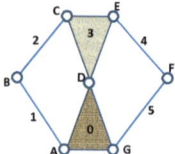

Fig. 30. *Schemă structurală Watt*

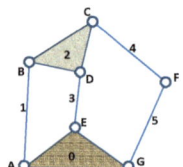

Fig. 31. *Schemă structurală Stephenson*

Oricum am alege elementele fix şi conducător, la schema Watt, se obţin două diade.

La schema Stephenson, putem obţine câte două diade, dar se poate ajunge şi la o triadă dacă alegem elementele fix şi conducător într-un anumit fel (de exemplu în schema structurală din figura 31 trebuie ales ca element conducător elementul mobil 5, şi se obţine triada 1,2,3,4).

TEMĂ: Se dau schemele constructive şi cinematice din tabelul 3. Să se facă analiza structurală a lor (tabel cuple, tabel elemente, schema structurală, împărţirea pe grupe asurice, formula structurală, schema bloc, gradul de mobilitate).

Tabel 3 *Scheme constructive şi cinematice*

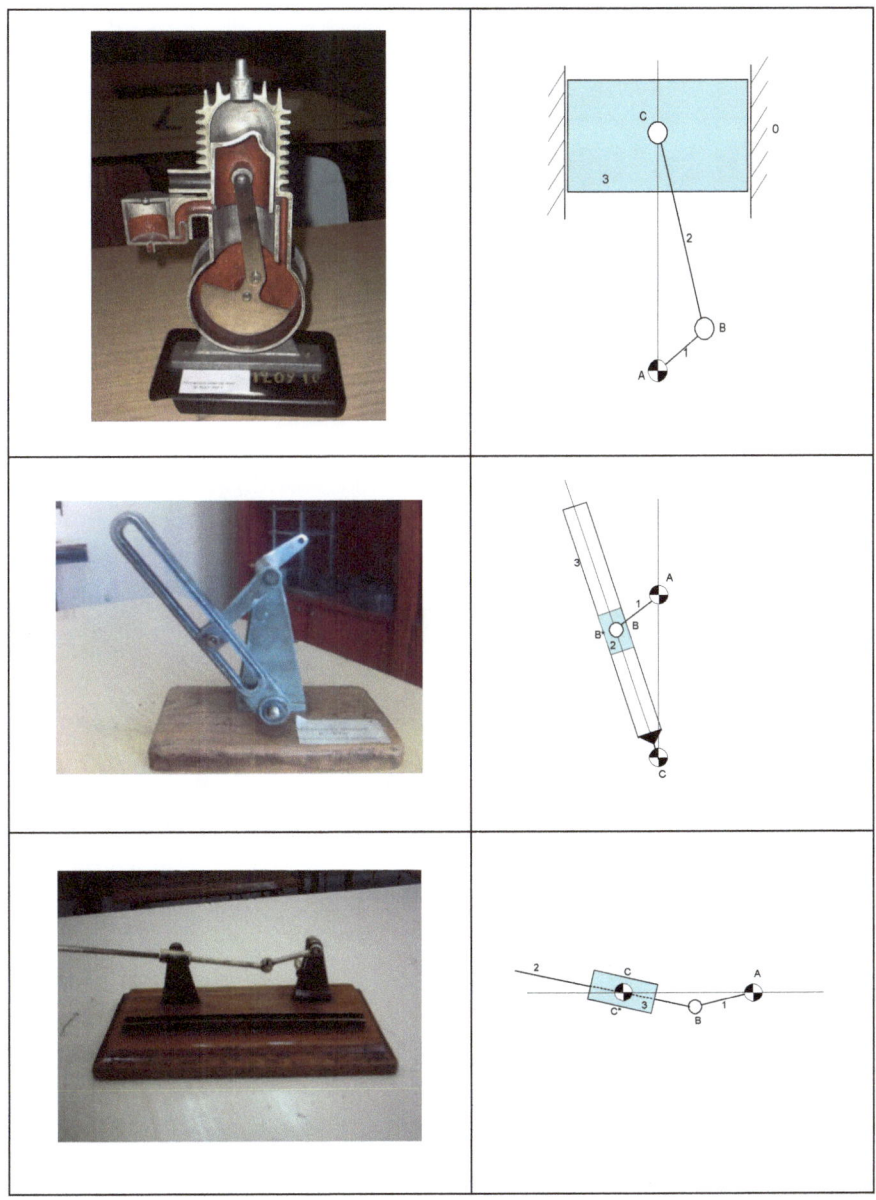

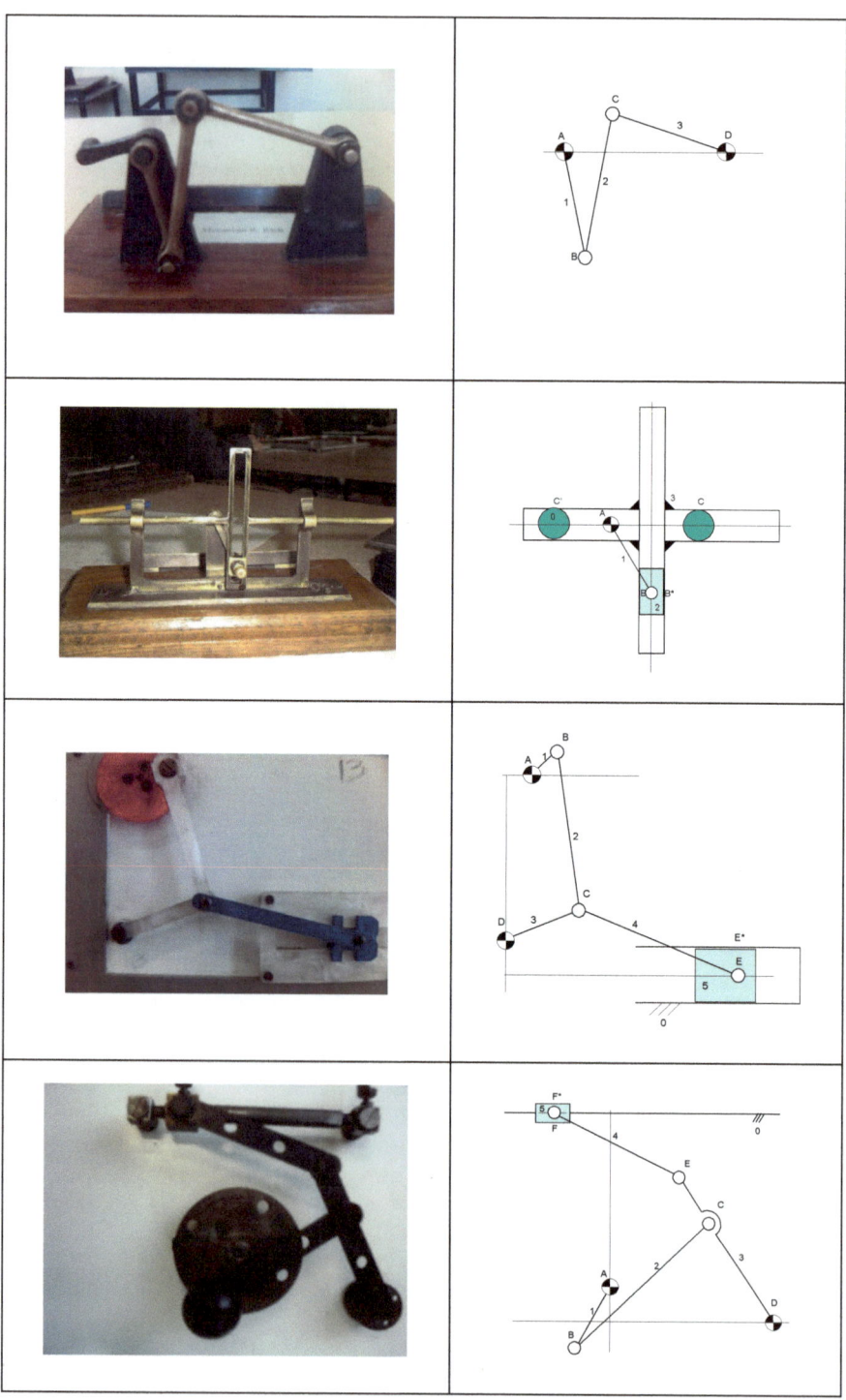

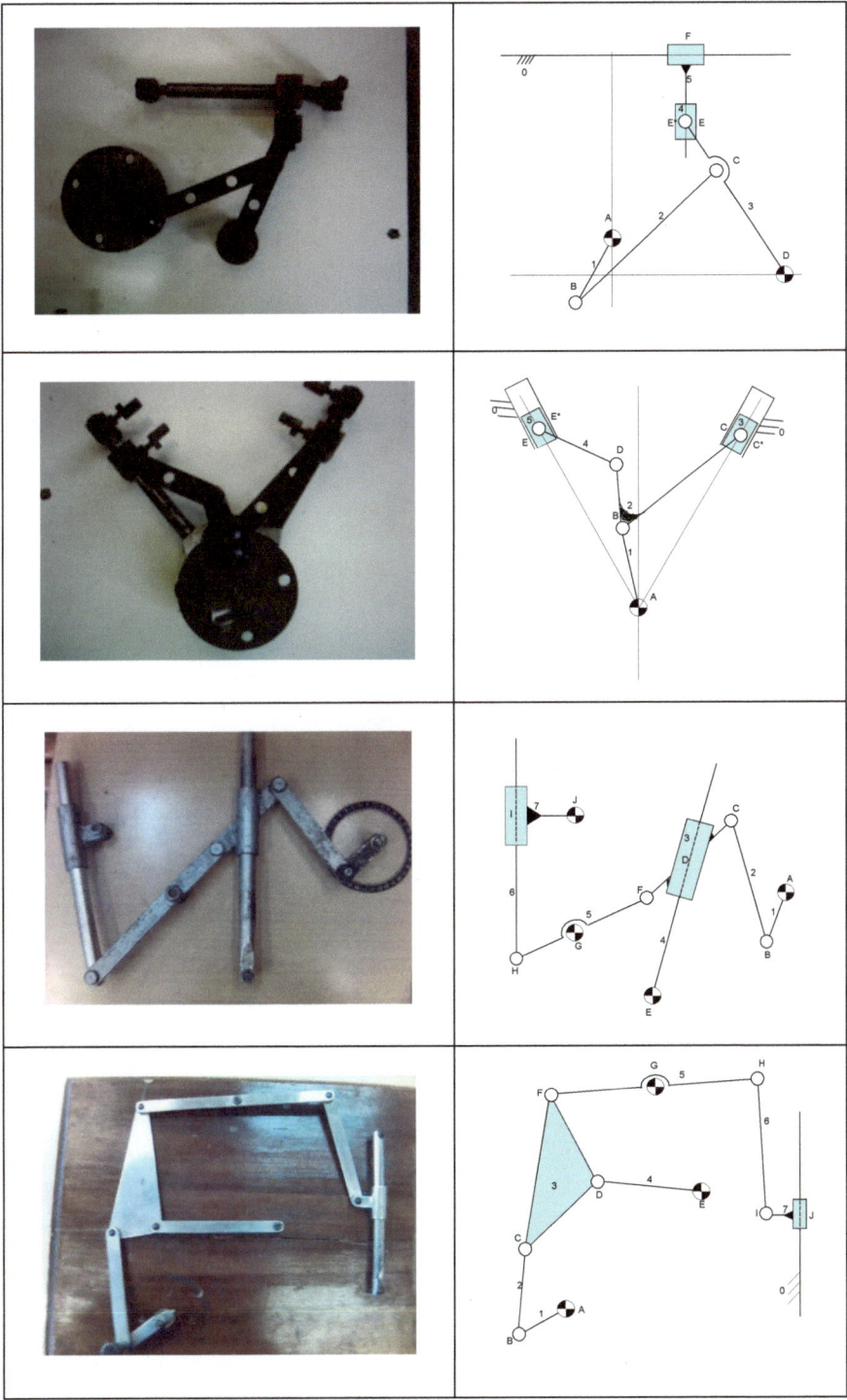

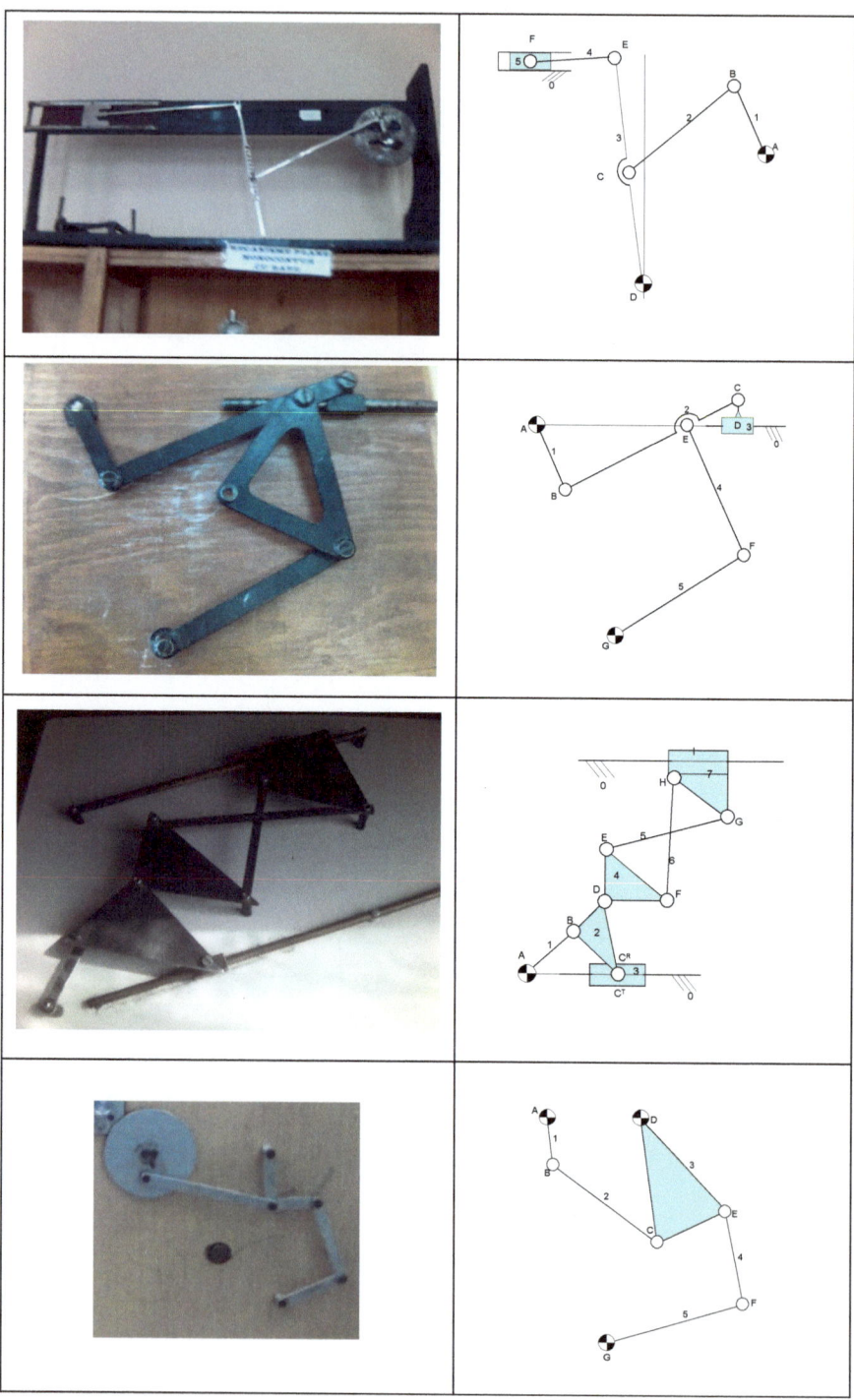

Analiza structurală a mecanismelor spaţiale

În continuare se va urmări analiza structurală a mecanismelor generale, spaţiale, sau combinate plane+spaţiale.

Formula structurală generalizată a mecanismelor (Dobrovolschi) permite determinarea gradului de mobilitate al mecanismelor de familia f, ţinând seama de numărul f al condiţiilor de legătură comune impuse tuturor elementelor mecanismului înainte de a fi legate în lanţ cinematic cu un singur contur sau mai multe (însă de aceeaşi familie).

Lanţul cinematic reprezintă o reuniune de elemente cinematice de diferite ranguri legate prin cuple cinematice de diferite clase. Toate elementele lanţului cinematic sunt mobile.

Pentru ca un lanţ cinematic să poată fi utilizat trebuie mai întâi să i se fixeze unul din elementele componente.

Clasificarea lanţurilor cinematice se face după trei criterii importante: rangul elementelor componente, forma lanţului şi felul mişcării elementelor.

A. După rangul elementelor componente ale lanţului, avem:

-Lanţuri cinematice simple (la care fiecare element component are cel mult două cuple cinematice, j fiind cel mult 2);

-Lanţuri cinematice complexe (la care cel puţin un element are mai mult de două cuple cinematice, sau există cel puţin un contur închis de rang superior, cel puţin 4, aparţinând unei grupe structurale superioare, tetradă sau mai mare).

B. După forma lanţului cinematic, avem:

-Lanţuri cinematice deschise (la care există şi elemente cu o singură cuplă cinematică; exemplu – roboţii seriali);

-Lanţuri cinematice închise (la care toate elementele au cel puţin două cuple cinematice; cu ele se alcătuiesc mecanismele cele mai uzuale, inclusiv roboţii paraleli).

C. După felul mişcării elementelor, avem:

-Lanţuri cinematice plane (la care toate elementele se mişcă într-un singur plan, sau în plane paralele);

-Lanţuri cinematice spaţiale (la care cel puţin un element are o mişcare într-un plan diferit de al celorlalte).

Mecanismele se formează din unul sau mai multe lanţuri cinematice, prin fixarea unui element, şi stabilirea elementului conducător (sau a elementelor conducătoare).

Se defineşte familia f a unui mecanism sau a lanţului cinematic corespunzător, spaţiul în care elementele înainte de a fi legate prin cuple cinematice au 6-f grade de libertate.

Într-un spaţiu de familia f mecanismele formate nu pot avea în structura lor decât cuple cinematice de clasa $k \geq f+1$. De exemplu, într-un spaţiu de familia a treia, unde f=3 (care poate fi unul plan sau unul spaţial-sferic), nu putem avea decât cuple de clasa a patra şi a cincea.

În consecinţă în spaţiul de familie f, cele e elemente izolate posedă (6-f)e grade de libertate. Legându-le între ele prin $\sum_{k=f+1}^{5} c_k$ cuple cinematice, gradul de libertate al lanţului format va fi:

$$L_f = (6-f) \cdot e - \sum_{k=f+1}^{5} (k-f) \cdot c_k \qquad (4)$$

Deoarece o cuplă cinematică de clasă k suprimă elementului (k-f) grade de libertate. Relaţia (4) reprezintă formula structurală a lanţului cinematic de familia f cu un singur contur.

Dacă se fixează unul din elementele lanţului se obţine gradul de mobilitate al mecanismului de familia f (formula lui Dobrovolschi, sistemul 5), unde m=numărul de elemente mobile.

$$\begin{cases} M_f = L_f - (6-f) \\ M_f = (6-f) \cdot (e-1) - \sum_{k=f+1}^{5} (k-f) \cdot c_k \\ M_f = (6-f) \cdot m - \sum_{k=f+1}^{5} (k-f) \cdot c_k \end{cases} \quad (5)$$

Există şase familii de mecanisme, ce derivă din sistemul (5), conform sistemului (6).

$$\begin{cases} M_f = (6-f) \cdot m - \sum_{k=f+1}^{5} (k-f) \cdot c_k \\ \\ f=0 \quad M_0 = 6m - 5c_5 - 4c_4 - 3c_3 - 2c_2 - c_1 \\ f=1 \quad M_1 = 5m - 4c_5 - 3c_4 - 2c_3 - c_2 \\ f=2 \quad M_2 = 4m - 3c_5 - 2c_4 - c_3 \\ f=3 \quad M_3 = 3m - 2c_5 - c_4 \\ f=4 \quad M_4 = 2m - c_5 \\ f=5 \quad M_5 = m \end{cases} \quad (6)$$

Familia mecanismului se poate determina utilizând metoda tabelară, care constă în înscrierea într-o tabelă a tuturor mişcărilor independente ale elementelor faţă de un sistem de axe de coordonate ales convenabil. Numărul de restricţii comune tuturor elementelor indică familia f a mecanismului. Se aplică apoi formula corespunzătoare familiei obţinute (aleasă din sistemul 6) şi se obţine mobilitatea mecanismului.

Observaţie: Metoda tabelară nu poate fi folosită în orice situaţie pentru determinarea familiei unui mecanism spaţial.

Pentru ca ea să poată fi folosită în cât mai multe cazuri posibile e util uneori să echivalăm cuplele superioare de clase mai mici cu elemente suplimentare şi cuple inferioare de clasa a cincea. Sistemul fix de coordonate carteziene spaţiale trebuie ales judicios.

Mecanismele spațiale din familia f=0 sunt constituite din elemente ale căror mișcări nu sunt supuse nici unei restricții comune. Din această categorie fac parte mecanismele spațiale ale căror elemente pot realiza mișcările cele mai generale (ex: mecanismul de direcție al autovehiculelor rutiere, mecanismul de frânare al vehiculelor feroviare, mecanismul suspensiilor, cel al motocositoarei, mecanismul direcției la pilotul automat, sistemele paralele moderne, etc). Un astfel de mecanism de familie 0, este mecanismul patrulater spațial din figura 32, utilizat în general ca mecanism de direcție la diverse vehicule rutiere. În dreapta se vede tabelul mișcărilor elementelor față de sistemul de axe cartezian xOyz ales.

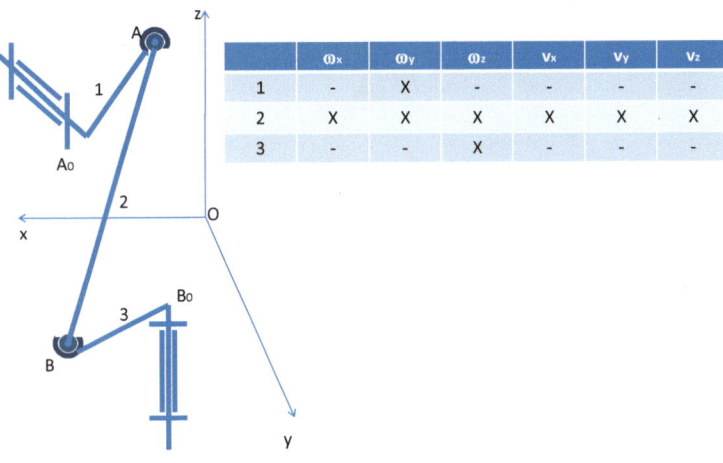

	ω_x	ω_y	ω_z	v_x	v_y	v_z
1	-	X	-	-	-	-
2	X	X	X	X	X	X
3	-	-	X	-	-	-

Fig. 32. *Mecanism patrulater spațial utilizat ca mecanism de direcție la vehiculele rutiere*

Nu există nici o restricție comună, deci mecanismul are familia 0, iar mobilitatea se determină cu formula aferentă familiei zero (vezi relația 7).

$$\begin{cases} M_f = (6-f) \cdot m - \sum_{k=f+1}^{5}(k-f) \cdot c_k \\ \\ f = 0 \quad M_0 = 6m - 5c_5 - 4c_4 - 3c_3 - 2c_2 - c_1 = \\ = 6 \cdot 3 - 5 \cdot 2 - 4 \cdot 0 - 3 \cdot 2 - 2 \cdot 0 - 0 = 18 - 10 - 6 = 2 \end{cases} \quad (7)$$

Gradul de mobilitate al mecanismului a rezultat doi, însă cinematic mecanismul este desmodrom cu o singură acționare deci gradul său real de mobilitate este 1. A doua mobilitate reprezintă posibilitatea bielei spațiale 2 de a se roti aleator în jurul propriei axe longitudinale datorită permitivității celor două cuple spațiale sferice de clasa a treia de la capetele ei. Un alt mecanism de familie zero este cel reprezentat în figura 33.

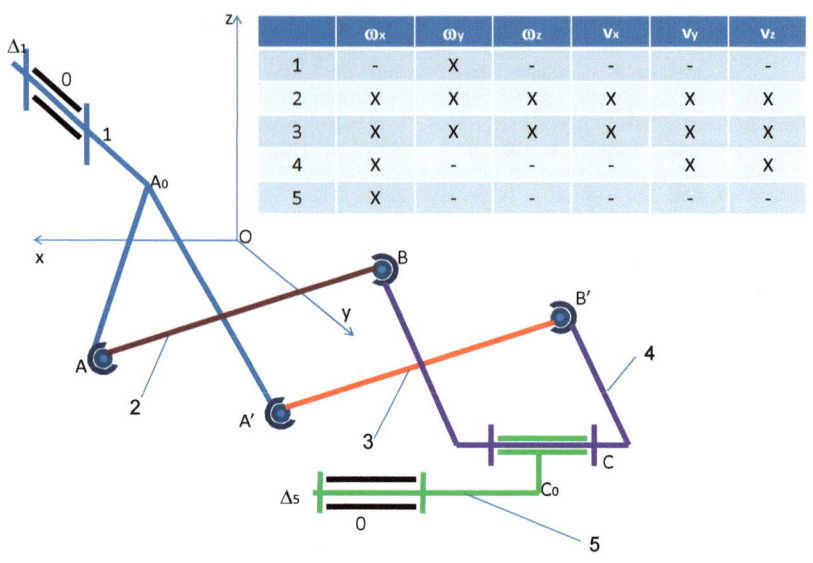

Fig. 33. *Mecanism spaţial utilizat drept cuplaj mobil la locomotivele electrice*

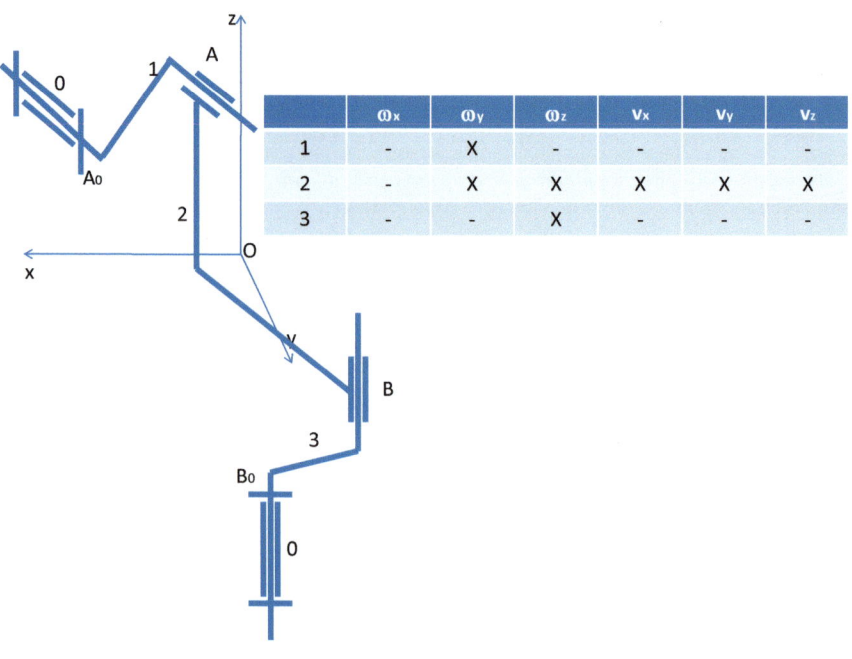

Fig. 34. *Mecanism spaţial RCCR de familie 1*

În figura 34 este prezentat un mecanism spaţial RCCR de familie 1.

Axele de intrare şi ieşire ale manivelelor 1 şi 3 sunt construite cu cuple de rotaţie de clasa a 5 –a, dar biela 2 este legată la manivele prin cuple cilindrice de clasa a patra.

Apare o restricţie comună (nici unul din cele trei elemente mobile nu se poate roti în jurul axei x).

Gradul de mobilitate al mecanismului este obţinut cu relaţia (8) aferentă mecanismelor spaţiale de familie 1.

$$\begin{cases} M_f = (6-f)\cdot m - \sum_{k=f+1}^{5}(k-f)\cdot c_k \\ \\ f = 1 \quad M_1 = 5m - 4c_5 - 3c_4 - 2c_3 - c_2 = \\ = 5\cdot 3 - 4\cdot 2 - 3\cdot 2 - 2\cdot 0 - 0 = 15 - 8 - 6 = 1 \end{cases} \quad (8)$$

În figura 35 este prezentat un mecanism de familie 2.

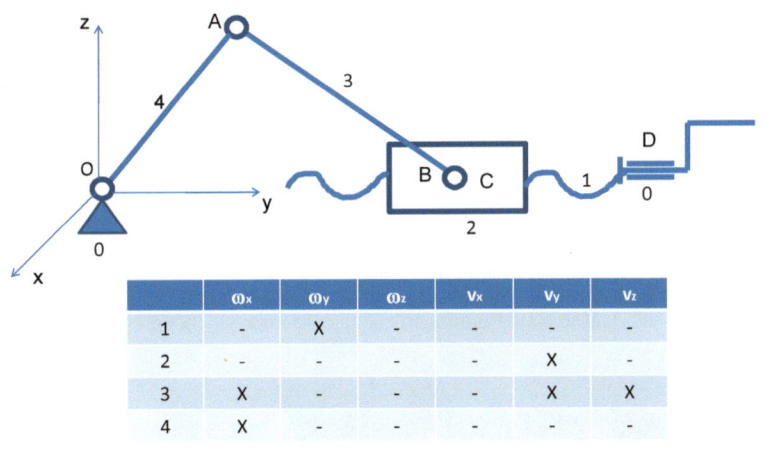

	ωx	ωy	ωz	Vx	Vy	Vz
1	-	X	-	-	-	-
2	-	-	-	-	X	-
3	X	-	-	-	X	X
4	X	-	-	-	-	-

Fig. 35. *Mecanism spaţial de familie 2*

Gradul de mobilitate al mecanismului cu şurubul 1 şi piuliţa 2, de familie 2, se obţine cu formula aferentă (9).

$$\begin{cases} M_f = (6-f)\cdot m - \sum_{k=f+1}^{5}(k-f)\cdot c_k \\ f = 2 \quad M_2 = 4m - 3c_5 - 2c_4 - c_3 = 4\cdot 4 - 3\cdot 5 - 2\cdot 0 - 0 = 16 - 15 = 1 \end{cases} \quad (9)$$

Mecanismele de familia f=3 sunt constituite din elemente ale căror mişcări au trei restricţii comune. În această familie se încadrează trei categorii principale:

A.Mecanismele sferice (elementelor acestor mecanisme le sunt interzise toate cele trei translaţii, elementele fiind situate pe o sferă, au posibilitatea efectuării doar a celor trei rotaţii). Exemplu (cuplajele de clasa a patra). A se vedea cuplajul cardanic sau universal din figura 36.

Fig. 36. *Crucea cardanică (cupla universală de clasa a patra) reprezintă un mecanism spaţial sferic de familie 3*

Mobilitatea unui astfel de mecanism (m=2, C_5=2, C_4=1) se determină cu relaţia aferentă (10).

$$\begin{cases} M_f = (6-f) \cdot m - \sum_{k=f+1}^{5}(k-f) \cdot c_k \quad f = 3 \\ M_3 = 3m - 2c_5 - c_4 = 3 \cdot 2 - 2 \cdot 2 - 1 = 6 - 4 - 1 = 1 \end{cases} \quad (10)$$

Aici trebuie făcută precizarea că mecanismul cu două cruci cardanice şi ax cardanic între ele (aşa cum este el utilizat la vehicule; vezi figura 37), se transformă într-un mecanism de familie 1 (f=1), deoarece dacă luăm un sistem de axe cartezian spaţial, având o axă comună cu axa longitudinală a arborelui cardanic, observăm că arborele are cele trei rotaţii spaţiale impuse de cuplele cardanice de la capetele lui plus două translaţii spaţiale după direcţiile radiale, dar nu translatează în lungul propriei axe longitudinale (aceasta fiind singura restricţie comună întregului mecanism, format din trei elemente mobile m=3, două cuple C_5 şi două cuple C_4). Mobilitatea dublei articulaţii cardanice se obţine cu relaţia 11.

Fig. 37. *Dubla articulaţie cardanică reprezintă un mecanism spaţial sferic de familie 1*

$$\begin{cases} M_f = (6-f) \cdot m - \sum_{k=f+1}^{5}(k-f) \cdot c_k \\ f = 1 \quad M_1 = 5m - 4c_5 - 3c_4 - 2c_3 - c_2 = 5 \cdot 3 - 4 \cdot 2 - 3 \cdot 2 - 2 \cdot 0 - 0 = 15 - 8 - 6 = 1 \end{cases} \quad (11)$$

B.Mecanismele plane (în structura cărora apar cuple de rotaţie, de translaţie, şurub-piuliţă, şi cuple superioare C_4).

Mecanismele plane sunt cel mai des întâlnite în tehnică, ele fiind practic cele mai utilizate mecanisme din întreaga istorie a omenirii. Totuşi astăzi încep să se diversifice şi mecanismele spaţiale datorită tehnologiilor avansate, şi a apariţiei structurilor mobile paralele.

C.Mecanismele spaţiale cu pene (ale căror elemente nu pot avea decât mişcări de translaţie în spaţiu.

Mecanismele din familia f=4 sunt constituite din elemente ale căror mişcări au patru restricţii comune. Exemplu mecanismele plane cu pană (având trei cuple de translaţie, fig. 38a), sau mecanismele de tip presă-şurub (o cuplă de rotaţie, una de translaţie şi una şurub-piuliţă, fig. 38b), la care întâlnim două elemente mobile şi trei cuple de clasa a cincea. Mobilitatea este dată de relaţia (12).

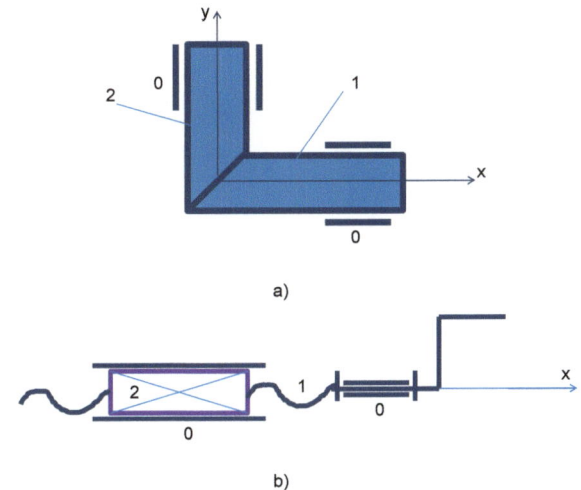

a)

b)

Fig. 38. *Mecanisme de familia 4*

$$\begin{cases} M_f = (6-f) \cdot m - \sum_{k=f+1}^{5} (k-f) \cdot c_k & f = 4 \\ M_4 = 2m - c_5 = 2 \cdot 2 - 3 = 4 - 3 = 1 \end{cases} \quad (12)$$

Precizări: Mecanismul de familie f=5 nu există singur, el se încadrează în toate celelalte familii.

Formula Dobrovolschi se aplică şi mecanismelor policontur, cu condiţia ca toate contururile independente ale mecanismului să aibă aceeaşi familie. În caz contrar se utilizează formula Dobrovolschi modificată (relaţia 13), în care în loc de f apare f_a (familia aparentă), iar k ia valori de la 1 la 5 (nemaifiind limitat de la f+1 la 5).

$$M_f = (6 - f_a) \cdot m - \sum_{k=1}^{5} (k - f_a) \cdot c_k \quad (13)$$

Familia aparentă se determină ca o medie aritmetică a familiilor tuturor contururilor independente (relația 14).

$$f_a = \frac{1}{N} \cdot \sum_{i=1}^{N} f_i \qquad (14)$$

Contururile independente se identifică direct pe mecanism. Numărul contururilor independente se poate verifica și cu relația (15).

$$N = \sum_{k=1}^{5} c_k - m \qquad (15)$$

Ca exemplu de mecanism complex se va lua mecanismul din figura 39, care are 8 cuple de clasa a cincea, 6 elemente mobile, și două contururi independente, 012340 și 04560. Pentru primul contur independent familia este f=2, iar pentru al doilea familia este f=3. Cu relația 14 obținem f_a=2,5. Mobilitatea mecanismului se determină cu relația (16) care introduce datele numerice ale problemei în relația (13).

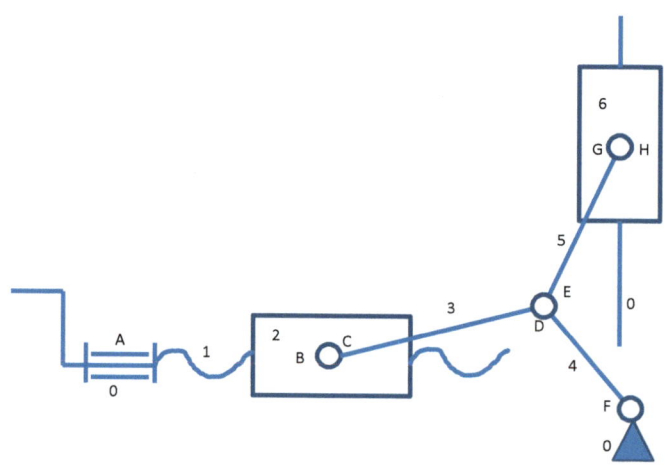

Fig. 39. Mecanism complex cu două contururi independente

$$M_f = (6 - f_a) \cdot m - \sum_{k=1}^{5} (k - f_a) \cdot c_k =$$
$$= (6 - 2.5) \cdot 6 - (5 - 2.5) \cdot 8 = 3.5 \cdot 6 - 2.5 \cdot 8 = 21 - 20 = 1 \qquad (16)$$

Structura diadelor (cele cinci tipuri de diade)

După tipul cuplelor de clasa a cincea (R-rotație, sau T-translație), și după poziționarea lor în cadrul diadei, din punct de vedere structural-cinematic, se deosebesc cinci tipuri de diade (vezi tabelul din figura 40).

Primul aspect RRR reprezintă diada care are numai cuple de rotaţie.

Diada de aspectul II, RRT, are două cuple de rotaţie şi una de translaţie, ultima fiind poziţionată întotdeauna la una din cele două intrări.

Diada de aspectul al treilea, RTR, are tot două rotaţii şi o translaţie, însă aceasta este poziţionată în interior reprezentând cupla internă a diadei.

Diada de aspectul patru TRT, are două translaţii şi o rotaţie, rotaţia fiind cupla interioară iar translaţiile reprezentând cele două cuple exterioare, de intrare (denumite şi semicuple, sau cuple potenţiale).

La ultimul aspect (aspectul 5), diada RTT sau TTR, are tot două translaţii şi o rotaţie, o translaţie fiind cupla interioară, iar cuplele exterioare de intrare fiind una de rotaţie, iar cealaltă de translaţie.

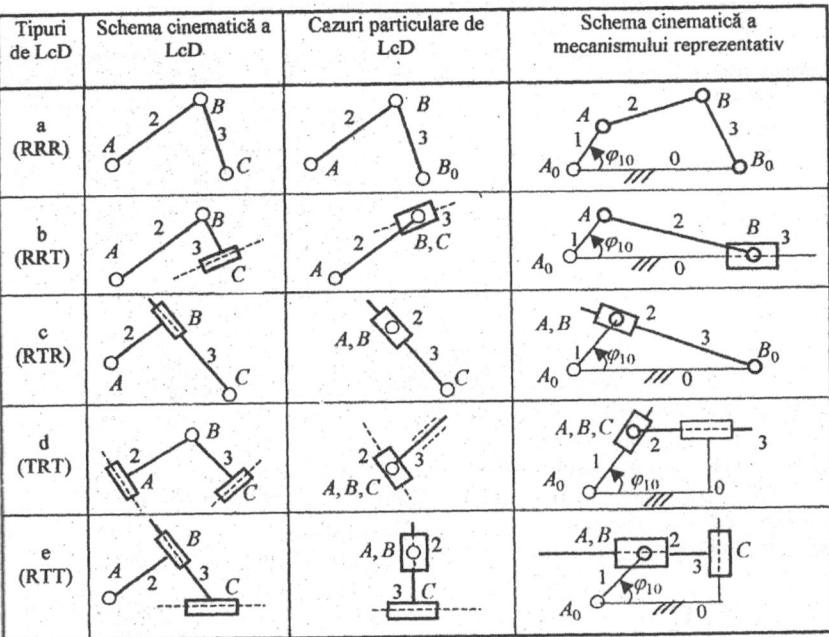

Fig. 40. *Cele cinci tipuri de diade*

Bibliografie-Cap. I

[1] **Antonescu P.**, *Mecanisme, calculul structural şi cinematic,* Editura IPB, Bucureşti, 1979.

[2] **Artobolevski, I.I.**, *Teoria mecanismelor şi a maşinilor,* Proceedings of 8th Editura Ştiinţa, Chişinău, 1992.

[3] **Pelecudi, Chr., ş.a.**, Mecanisme, Editura Didactică şi Pedagogică, Bucureşti, 1985.

CAP. II CINETOSTATICA DIADEI RRT

Cinetostatica (determinarea forțelor ce acționează asupra mecanismului și a reacțiunilor din cuplele cinematice) diadei de aspectul al doilea RRT, poate fi urmărită în figura 1, iar calculele în sistemul relațional (1).

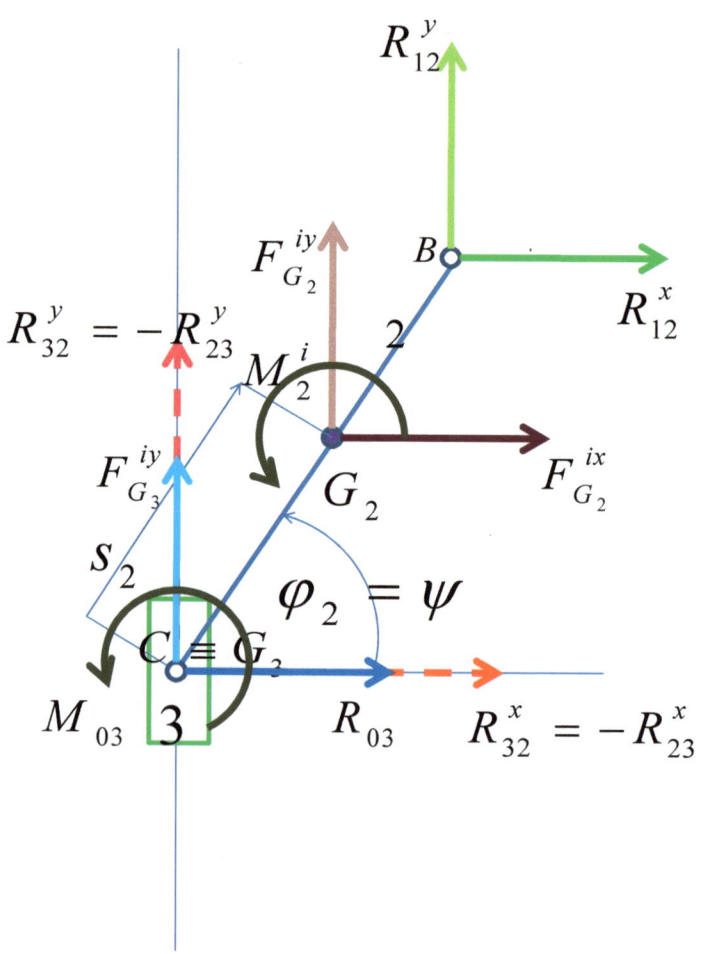

Fig. 1. *Cinetostatica diadei RRT*

$$\begin{cases}
\begin{cases} x_B = l_1 \cdot \cos \varphi \\ y_B = l_1 \cdot \sin \varphi \end{cases}
\begin{cases} \dot{\psi} = \lambda \cdot \dfrac{\sin \varphi}{\sin \psi} \cdot \dot{\varphi} \\ \ddot{\psi} = \lambda \cdot (1 - \lambda^2) \cdot \dfrac{\cos \varphi}{\sin^3 \psi} \cdot \dot{\varphi}^2 \end{cases} \\[2mm]
\begin{cases} x_{G_2} = x_C + s_2 \cdot \cos \varphi_2 \\ y_{G_2} = y_C + s_2 \cdot \sin \varphi_2 \end{cases}
\begin{cases} \dot{x}_{G_2} = \dot{x}_C - s_2 \cdot \sin \varphi_2 \cdot \dot{\varphi}_2 \\ \dot{y}_{G_2} = \dot{y}_C + s_2 \cdot \cos \varphi_2 \cdot \dot{\varphi}_2 \end{cases} \Rightarrow \\[2mm]
\Rightarrow \begin{cases} \ddot{x}_{G_2} = \ddot{x}_C - s_2 \cdot \cos \varphi_2 \cdot \dot{\varphi}_2^2 - s_2 \cdot \sin \varphi_2 \cdot \ddot{\varphi}_2 \\ \ddot{y}_{G_2} = \ddot{y}_C - s_2 \cdot \sin \varphi_2 \cdot \dot{\varphi}_2^2 + s_2 \cdot \cos \varphi_2 \cdot \ddot{\varphi}_2 \end{cases} \\[2mm]
\begin{cases} x_C = 0; \ y_C = l_1 \cdot \sin \varphi - l_2 \cdot \sin \psi \\ \dot{y}_C = l_1 \cdot \cos \varphi \cdot \dot{\varphi} - l_2 \cdot \cos \psi \cdot \dot{\psi} \\ \ddot{y}_C = -l_1 \cdot \sin \varphi \cdot \dot{\varphi}^2 + l_2 \cdot \sin \psi \cdot \dot{\psi}^2 - \\ - l_2 \cdot \cos \psi \cdot \ddot{\psi} \end{cases}
\begin{cases} F_{G_2}^{ix} = -m_2 \cdot \ddot{x}_{G_2} \\ F_{G_2}^{iy} = -m_2 \cdot \ddot{y}_{G_2} \\ M_2^{i} = -J_{G_2} \cdot \ddot{\varphi}_2 \\ F_{G_3}^{iy} = -m_3 \cdot \ddot{y}_C \end{cases} \\[2mm]
\sum M_C^{(3)} = 0 \Rightarrow M_{03} = 0 \\
\sum M_B^{(2,3)} = 0 \Rightarrow R_{03} \cdot (y_B - y_C) - F_{G_3}^{iy} \cdot (x_B - x_C) + \\
+ F_{G_2}^{ix} \cdot (y_B - y_{G_2}) - F_{G_2}^{iy} \cdot (x_B - x_{G_2}) + M_2^{i} = 0 \Rightarrow \\
R_{03} = \dfrac{F_{G_3}^{iy} \cdot (x_B - x_C) + F_{G_2}^{ix} \cdot (y_{G_2} - y_B) + F_{G_2}^{iy} \cdot (x_B - x_{G_2}) - M_2^{i}}{y_B - y_C} \\[2mm]
\sum F_x^{(3)} = 0 \Rightarrow R_{23}^x + R_{03} = 0 \Rightarrow R_{23}^x = -R_{03} \Rightarrow R_{32}^x = R_{03} \\
\sum F_y^{(3)} = 0 \Rightarrow R_{23}^y + F_{G_3}^{iy} = 0 \Rightarrow R_{23}^y = -F_{G_3}^{iy} \Rightarrow R_{32}^y = F_{G_3}^{iy} \\
\Rightarrow R_{32} = \sqrt{(R_{32}^x)^2 + (R_{32}^y)^2} \\
\sum F_x^{(2)} = 0 \Rightarrow R_{12}^x + F_{G_2}^{ix} + R_{32}^x = 0 \Rightarrow R_{12}^x = -F_{G_2}^{ix} - R_{32}^x \\
\sum F_y^{(2)} = 0 \Rightarrow R_{12}^y + F_{G_2}^{iy} + R_{32}^y = 0 \Rightarrow R_{12}^y = -F_{G_2}^{iy} - R_{32}^y \\
\Rightarrow R_{12} = \sqrt{(R_{12}^x)^2 + (R_{12}^y)^2}
\end{cases} \quad (1)$$

CAP. III DETERMINAREA (APROXIMATIVĂ A) REACȚIUNII DINTRE CILINDRU ȘI PISTON LA MECANISMELE MOTOARELOR CU ARDERE INTERNĂ

1. Scopul lucrării

Uzura cilindrilor de piston depinde, pe lângă alte cauze și de mărimea reacțiunii dintre cilindru și piston. Cunoașterea parametrilor care influențează această mărime este foarte importantă în faza în care se determină dimensiunile unui astfel de mecanism.

2. Principiul lucrării

Pe mecanismul piston-manivelă, de dimensiuni r și l, se consideră forța motoare pe piston F_m și momentul rezistent la manivelă, M_r. Se urmărește să se determine reacțiunea cilindrului asupra pistonului pentru orice poziție a manivelei (vezi fig. 1).

Considerând diada 2-3 izolată, (se neglijează forțele de inerție și de greutate, astfel încât din suma de momente față de punctul B de pe diada 2-3, sau de pe biela 2 să rezulte reacțiunea tangențială nulă; calculele se simplifică astfel foarte mult, dar rezultatele obținute vor fi interpretate doar pentru cinematica simplă a mecanismului, nefiind valabile în cinematica dinamică, unde reacțiunea tangențială nenulă joacă un rol esențial) din ecuațiile de echilibru rezultă:

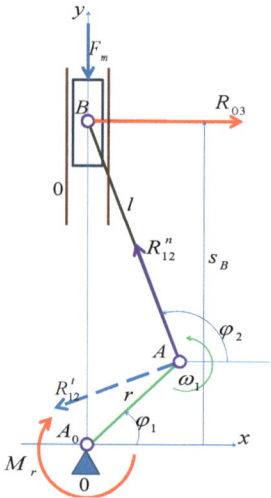

Fig. 1. *Cinetostatica aproximativă a mecanismului motor*

$$R_{12}^t = 0; \quad R_{12}^n = \frac{F_m}{\sin \varphi_2}; \quad R_{03} = -\frac{F_m}{tg \varphi_2} \qquad (1)$$

Din proiecția ecuației de contur pe axa Ox rezultă:

$$r.\cos \varphi_1 + l.\cos \varphi_2 = 0 \qquad (2)$$

Cu notația $\lambda = r/l$ se obțin (3) și (4):

$$\cos \varphi_2 = -\lambda . \cos \varphi_1 \qquad (3)$$

$$\sin \varphi_2 = \sqrt{1 - \lambda^2 . \cos^2 \varphi_1} \qquad (4)$$

În felul acesta reacțiunea cilindrului asupra pistonului capătă forma:

$$R_{03} = F_m \cdot \frac{\lambda \cdot \cos \varphi_1}{\sqrt{1 - \cos^2 \varphi_1 \cdot \lambda^2}} \qquad (5)$$

Notând cu $\dfrac{R_{03}}{F_m} = R_{03}^*$ obținem valoarea relativă sau adimensională a acestei reacțiuni, care nu mai depinde de forța pe piston, ci numai de poziția mecanismului. Relația de calcul utilizată va fi:

$$R_{03}^* = \frac{\lambda \cdot \cos \varphi_1}{\sqrt{1 - \lambda^2 \cdot \cos^2 \varphi_1}} \qquad (6)$$

3. Modul de lucru

Se măsoară dimensiunile mecanismului r și l și apoi se calculează λ. Cu ajutorul relației de calcul a reacțiunii R_{03}^* se determină valorile acesteia în funcție de poziția manivelei, dată prin unghiul φ_1. Calculele se fac apoi, în mod asemănător, pentru $\lambda_1=0.9*\lambda$ și pentru $\lambda_2=1.1*\lambda$. Valorile obținute se trec în tabelul următor și apoi se urmărește modul de variație al reacțiunii în funcție de φ_1(se trasează diagramele cinematice).

	$0°$	$10°$	$20°$	$30°$	$40°$	$50°$	$60°$	$70°$	$80°$	$90°$
$R_{03}^*(\lambda)$										
$R_{03}^*(\lambda_1)$										
$R_{03}^*(\lambda_2)$										

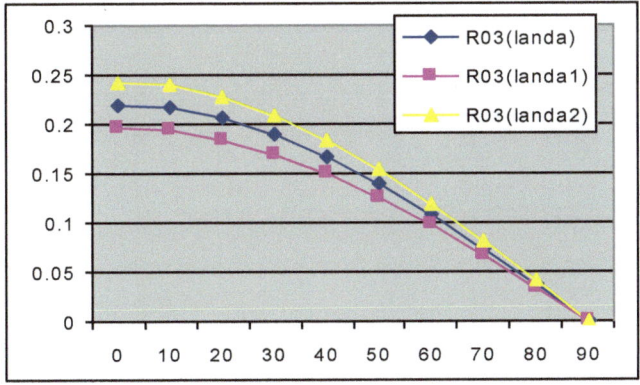

CAP. IV CINEMATICA MECANISMELOR MOTOARELOR CU ARDERE INTERNĂ

1. Scopul lucrării

Dintre parametrii cinematici ce caracterizează un mecanism, cei de poziţie, viteză şi acceleraţie sunt cei mai utilizaţi în calculele de analiză a mecanismelor. Determinarea lor pe un mecanism plan, printr-o metodă analitico-numerică de calcul, reprezintă obiectul lucrării.

2. Principiul lucrării

Se consideră mecanismul unui motor cu ardere internă (fig. 1), raportat la sistemul de axe xOy. Se notează lungimea manivelei cu r şi cea a bielei cu l. Poziţia pistonului este notată cu s_B; cu φ_1 şi φ_2 s-au notat unghiurile de poziţie ale manivelei şi bielei. Alegând sensurile de parcurs pe conturul mecanismului, ecuaţia vectorială de închidere este:

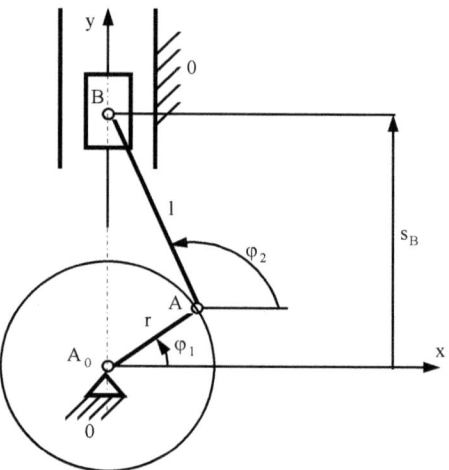

Fig. 1   Schema cinematica a mecanismului biela-manivela-piston

$$\bar{r} + \bar{l} = \bar{s}_B \qquad (1)$$

Prin proiectarea pe sistemul de axe se obţin ecuaţiile de poziţie:

$$r.\cos\varphi_1 + l.\cos\varphi_2 = 0$$
$$r.\sin\varphi_1 + l.\sin\varphi_2 = s_B \qquad (2)$$

în care, necunoscutele sunt φ_2 şi s_B. Acestea rezultă imediat rezolvând în ordine sistemul de ecuaţii (2). Derivarea în raport cu timpul a ecuaţiilor (2) conduce la ecuaţiile de viteze:

$$r.\omega_1.\sin\varphi_1 + l.\omega_2.\sin\varphi_2 = 0$$
$$r.\omega_1.\cos\varphi_1 + l.\omega_2.\cos\varphi_2 = v_B \qquad (3)$$

Necunoscutele fiind ω_2 şi v_B, se determină în această ordine din ecuaţiile (3).

Se derivează în continuare ecuaţiile sistemului (3) şi se obţin ecuaţiile de acceleraţii, având în vedere faptul că ω_1=constant (pentru fiecare φ_1 valoarea lui ω_1 se obţine din tabel).

$$r.\omega_1^2.\cos\varphi_1 + l.\varepsilon_2.\sin\varphi_2 + l.\omega_2^2.\cos\varphi_2 = 0$$
$$-r.\omega_1^2.\sin\varphi_1 + l.\varepsilon_2.\cos\varphi_2 - l.\omega_2^2.\sin\varphi_2 = a_B$$
(4)

Necunoscutele fiind ε_2 şi a_B, se determină în această ordine din ecuaţiile sistemului (4).

3. Metoda de lucru

Se măsoară lungimile elementelor r, l [m] şi se precizează poziţia manivelei (prin unghiul φ_1) pentru care urmează să se determine parametrii cinematici. În continuare, cu ajutorul sistemelor de ecuaţii (2), (3) şi (4), se calculează cele şase mărimi cinematice. Valorile obţinute se trec în tabelul următor:

Fiecare student va primi o valoare φ_1 din tabelul următor şi va efectua toate cele şase calcule pentru valoarea respectivă. Apoi el va relua calculele pentru $\varphi_1+100[^0]$ şi $\omega_1+100[s^{-1}]$; *fiecare student va construi doar capul de tabel plus două linii (pe care le va completa).*

φ_1	ω_1	r	l	φ_2	s_B	ω_2	v_B	ε_2	a_B
DEG	s-1	m	m	deg	m	s-1	ms-1	s-2	ms-2
12	180								
17	185								
23	190								
28	195								
31	200								
36	205								
39	210								
43	215								
46	220								
49	225								
53	230								
55	235								
58	240								
61	245								
64	250								
67	255								
69	260								
72	265								
76	270								

Valorile obţinute pentru parametrii de poziţie φ_2 şi s_B se verifică apoi pe mecanismul real şi sau pe computer.

CAP. V DETERMINAREA RANDAMENTULUI MECANISMULUI MOTOR – BILANŢUL ENERGETIC AL MAŞINII

Consideraţii generale

Din randamentul global al unei maşini, randamentul mecanic este cel mai important. Totuşi motoarele termice depind foarte mult în eficienţa lor şi de randamentul termic.

Inginerul mecanic trebuie să le aibă în vedere pe amândouă la proiectarea unui motor termic, dar în lucrarea de faţă ne vom ocupa numai de randamentul mecanic al motorului termic cu piston.

Pierderile de putere la un mecanism sunt în principal datorate tipului mecanismului (mecanismului propriuzis şi dimensiunilor sale), şi frecărilor din cuple.

Mecanismul bielă-manivelă-piston utilizat ca motor termic cu ardere internă, are două tipuri de randamente proprii, unul atunci când mecanismul funcţionează în regim de compresor, şi altul când lucrează în regim motor. Pierderile datorate frecării din cupla de translaţie pot fi considerate separat, rezultând astfel două randamente, unul propriu mecanismului motor, şi altul datorat frecărilor din cupla de translaţie. Produsul celor două randamente va genera randamentul mecanic total al mecanismului.

Principii teoretice

Se consideră mecanismul motor de tip Otto din figura 1. Manivela 1 acţionează biela 2 care transmite mişcarea pistonului 3 (pistonul translatează în sus şi în jos). În figură suntem într-un timp tip regim compresor, cu acţionarea dinspre manivelă. Forţele se vor transmite de la manivelă către piston. Forţa motoare F_m este perpendiculară pe manivela 1 (de lungime r) în B. La fel şi viteza motoare v_m.

Forţa motoare acţionează în punctul B.

Ea aparţine şi manivelei (care o creează) şi bielei (datorită cuplei B) şi se împarte în două componente: o componentă de tracţiune (normală) în lungul bielei F_n, şi o componentă de rotaţie (tangenţială) perpendiculară pe axa bielei F_t. Forţa normală în punctul B se transmite pe toată biela ajungând şi în punctul C, unde se divide în două componente: una în lungul axei pistonului care trage (acţionează pistonul) F_T, şi alta perpendiculară pe axa pistonului F_a (care apasă pistonul pe cămaşa cilindrului de ghidare, producând şi frecarea şi forţa de frecare F_f).

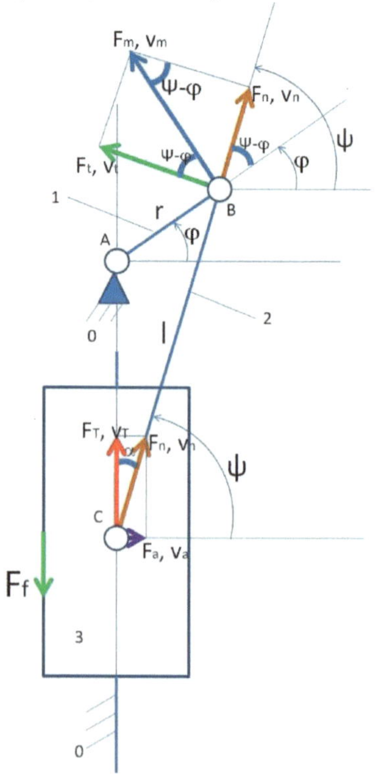

Fig. 1. *Forţele din cuplele mecanismului motor în regim de compresor; determinarea randamentului cu frecare*

Putem scrie relațiile (1).

$$\begin{cases} \begin{cases} F_n = F_m \cdot \sin(\psi - \varphi) \\ v_n = v_m \cdot \sin(\psi - \varphi) \end{cases} \begin{cases} F_t = F_m \cdot \cos(\psi - \varphi) \\ v_t = v_m \cdot \cos(\psi - \varphi) \end{cases} \\ \begin{cases} F_T = F_n \cdot \sin\psi \\ v_T = v_n \cdot \sin\psi \end{cases} \begin{cases} F_a = F_n \cdot \cos\psi \\ v_a = v_n \cdot \cos\psi \end{cases} \\ N = F_a \\ F_f = \mu \cdot N = \mu \cdot F_a = \mu \cdot F_n \cdot \cos\psi = \mu \cdot F_m \cdot \sin(\psi - \varphi) \cdot \cos\psi \\ F_u = F_T - F_f = F_n \cdot \sin\psi - \mu \cdot F_n \cdot \cos\psi = \\ \quad = F_m \cdot \sin(\psi - \varphi) \cdot (\sin\psi - \mu \cdot \cos\psi) \\ v_u = r \cdot \cos\varphi \cdot \dot\varphi - l \cdot \cos\psi \cdot \dot\psi = \dfrac{r \cdot \dot\varphi}{\sin\psi} \cdot \sin(\psi - \varphi) = \\ \quad = v_m \cdot \dfrac{\sin(\psi - \varphi)}{\sin\psi} \\ \eta_{iC} = \dfrac{P_u}{P_c} = \dfrac{F_u \cdot v_u}{F_m \cdot v_m} = \\ \quad = \dfrac{F_m \cdot \sin(\psi - \varphi) \cdot (\sin\psi - \mu \cdot \cos\psi) \cdot v_m \cdot \dfrac{\sin(\psi - \varphi)}{\sin\psi}}{F_m \cdot v_m} = \\ \quad = \sin^2(\psi - \varphi) \cdot \left(1 - \mu \cdot \dfrac{\cos\psi}{\sin\psi}\right) = \sin^2(\psi - \varphi) \cdot (1 - \mu \cdot \operatorname{ctg}\psi) \\ \eta_{iC} = \sin^2(\psi - \varphi) \cdot (1 - \mu \cdot \operatorname{ctg}\psi) = \sin^2(\psi - \varphi) \cdot (1 - \mu \cdot \operatorname{tg}\alpha) \\ \eta_{iM} = \sin^2\psi \cdot (1 - \mu \cdot \operatorname{ctg}\psi) = \sin^2\psi \cdot (1 - \mu \cdot \operatorname{tg}\alpha) \\ \begin{cases} \eta_{imecanism} = \begin{cases} \eta_{imC} = \sin^2(\psi - \varphi) \\ \eta_{imM} = \sin^2\psi \end{cases} \\ \eta_{ifrecare} = \eta_{if} = 1 - \mu \cdot \operatorname{ctg}\psi = 1 - \mu \cdot \operatorname{tg}\alpha \end{cases} \\ \eta_i = \eta_{im} \cdot \eta_{if} \end{cases} \quad (1)$$

Aspecte experimentale

Se aduce glisiera (pistonul) mecanismului în poziția extremă (când biela și manivela sunt în prelungire). În această poziție unghiul φ=-90 [deg], iar pentru α verificăm prin măsurare valoarea 0 [deg]. Unghiul ψ se calculează cu relația (2).

$$\psi = 90 - \alpha \qquad (2)$$

Vom mișca manivela în sensul trigonometric (invers acelor de ceasornic) și o vom opri la φ=-80 [deg]. Se măsoară α cu un raportor și se calculează ψ cu relația 2.

Continuăm să mișcăm manivela mereu în sensul pozitiv (trigonometric) oprindu-ne din 10 în zece grade sexazecimale, până când se efectuează o cursă completă (adică φ=90 [deg]). Pentru μ se ia valoarea 0,04 corespunzătoare unei ungeri foarte bune, sau valoarea 0,18 corespunzătoare unei frecări uscate (în condiții de laborator).

Se completează tabelul de mai jos.

φ	-90	-80	-70				0				70	80	90
α													
ψ													
$\eta_{imC} = $ $= \sin^2(\psi - \varphi)$													
$\eta_{ifrecare} = \eta_{if} = $ $= 1 - \mu \cdot ctg\,\psi = $ $= 1 - \mu \cdot tg\,\alpha$													
$\eta_i = \eta_{im} \cdot \eta_{if}$													

$$\eta = \frac{\sum_{k=1}^{n} \eta_i}{n} =$$

CAP. VI DETERMINAREA EXPERIMENTALĂ A MOMENTELOR DE INERȚIE

1. Considerații teoretice

În calculele de dinamica mecanismelor, intervin mărimile masă (m), moment de inerție masic sau mecanic (I), cât și poziția centrului de greutate (S). Determinarea cât mai precisă a acestor mărimi asigură calculelor efectuate o apropiere convenabilă față de realitatea fenomenului care trebuie descris.

2. Materiale necesare

Biele și suport de tip prismatic pentru suspendarea și balansul (pendularea) bielelor, calculator științific, instrumente pentru desen, eventual balanță.

3. Principiul lucrării

Perioada de oscilație a unui pendul fizic este dată de relația (1):

$$T = 2.\pi.\sqrt{\frac{I_0}{m.g.r_s}} \qquad (1)$$

$$I_0 = \frac{m.g.r_s.T^2}{4.\pi^2} \qquad (2)$$

unde: T[s] este perioada de oscilație măsurată pentru o cursă completă a pendulului (dus și întors); I_0[kg.m^2] este momentul de inerție al masei pendulului, în raport cu punctul de oscilație 0; m[kg] masa pendulului; g=9.81[ms^{-2}] reprezintă accelerația gravitațională; r_s[m] este poziția centrului de greutate în raport cu punctul de suspendare 0.

Dacă un element cinematic (spre exemplu biela unui mecanism) este lăsat să execute mici oscilații, perioada acestora, măsurată cu suficientă precizie, permite determinarea momentului de inerție față de punctul 0, pentru elementul respectiv (2):

4. Modul de lucru și relațiile de calcul

Cu ajutorul balanței se măsoară masa m a bielei. Se determină apoi poziția centrului de greutate, S, prin metoda balansării: se așază biela pe o tijă aflată în plan orizontal (suprafață prismatică-contact numai pe o muchie) și se deplasează ușor până când i se găsește poziția de echilibru. Se măsoară apoi distanțele de la centrul de greutate, S, la punctul de oscilație A, r_{SA}, cât și până la punctul de oscilație B, r_{SB}. În continuare se așază biela sprijinită în punctul A, pe muchia unei prisme (vezi fig. 1) și i se imprimă o mișcare de oscilație.

Se determină perioada medie T_A pentru un număr de 20 oscilații.

Practic se măsoară timpul, t_A, în care se efectuează cele 20 de oscilații complete, după care acest timp se împarte la 20 pentru a se obține perioada medie T_A.

Este bine să se efectueze 3 măsurători consecutive, iar în cazul în care valorile obținute sunt apropiate se poate lua media lor; dacă o valoare este mult diferită de celelalte două atunci se repetă măsurătoarea.

Oscilațiile bielei trebuie să fie mici pe toată perioada măsurătorilor pentru a nu ieși din legea pendulului.

Pentru a nu introduce și vibrații forțate măsurătorile se vor face abia după ce pendulul a efectuat deja circa 10 oscilații complete.

Se repetă operațiile pentru punctul B și obținem perioada medie T_B.

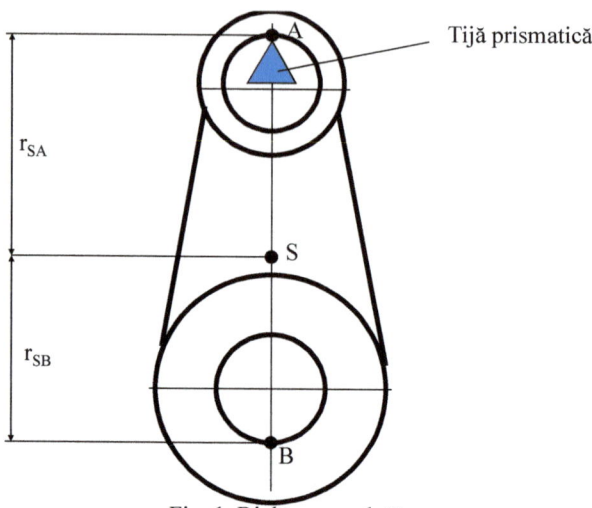

Fig. 1 Bielă suspendată

Avem de efectuat acum patru calcule.

Se determină momentele de inerție I_A respectiv I_B cu relația generală (2), în care în loc de 0 introducem succesiv A și B, în loc de r_S trecem r_{SA} respectiv r_{SB}, iar în loc de T scriem T_A respectiv T_B, relațiile (3) și (4); iar în final determinăm momentele de inerție I_{SA} respectiv I_{SB} prin formulele (5) și (6).

Obs. Toate unitățile de măsură utilizate trebuie să fie în S.I.!

$$I_A = \frac{m.g.r_{SA}.T_A^2}{4.\pi^2} \quad (3) \qquad I_B = \frac{m.g.r_{SB}.T_B^2}{4.\pi^2} \quad (4)$$

$$I_{SA} = I_A - m.r_{SA}^2 \quad (5) \qquad I_{SB} = I_B - m.r_{SB}^2 \quad (6)$$

CAP. VII DETERMINAREA RAZEI DE CURBURĂ CORESPUNZĂTOARE UNUI PUNCT DE PE BIELĂ

1. Principiul lucrării

Un punct din planul bielei unui mecanism plan descrie, pentru o rotaţie completă a manivelei (un ciclu cinematic), o traiectorie închisă numită curbă de bielă. În figura 1 este reprezentat mecanismul manivelă-piston centric (la care direcţia de deplasare a pistonului trece prin centrul de rotaţie al manivelei) şi parametrii săi geometrici: r lungimea manivelei, l lungimea bielei, φ unghiul ce determină poziţia manivelei.

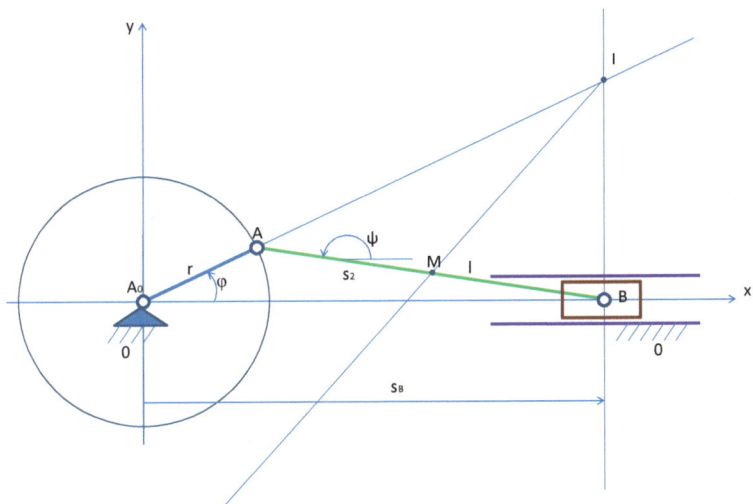

Fig. 1. *Schema cinematică a mecanismului manivelă-piston centric*

Pe figură mai apar şi parametrii de poziţie pentru piston s_B şi pentru bielă ψ. Punctul I reprezintă centrul instantaneu de rotaţie al bielei. Ecuaţia vectorială utilizată pentru început are forma (1).

$$\bar{s}_B + \bar{l} = \bar{r} \qquad (1)$$

Ea se proiectează pe axele ox şi oy, sub forma ecuaţiilor scalare (2) şi (3).

$$s_B + l \cdot \cos \psi = r \cdot \cos \varphi \qquad (2)$$

$$l \cdot \sin \psi = r \cdot \sin \varphi \qquad (3)$$

Din relaţia (3) se obţine expresia (4), în care s-a notat raportul r/l cu λ.

$$\sin \psi = \lambda \cdot \sin \varphi \qquad (4)$$

Pentru simplificarea relaţiilor de calcul se consideră pentru cosψ expresia (5) aproximativă, obţinută prin dezvoltarea radicalului de ordinul doi în serie de puteri, cu oprirea primilor doi termeni (aproximaţia este sensibilă la a patra zecimală, astfel încât poate fi utilizată fără probleme atâta timp cât nu se pune problema preciziei mecanismelor):

$$\cos\psi = \pm\sqrt{1-\sin^2\psi} = \pm\sqrt{1-\lambda^2\cdot\sin^2\varphi} = \pm\left(1-\frac{\lambda^2}{2}\cdot\sin^2\varphi\right) \quad (5)$$

Determinarea razei de curbură corespunzătoare unui punct M de pe bielă are la bază relaţia cinematică (6) cunoscută din geometria analitică şi diferenţială, care arată că acceleraţia normală într-un punct este egală cu raportul dintre pătratul vitezei şi raza de curbură a punctului respectiv.

$$a_M^n = \frac{v_M^2}{\rho_M} \quad (6)$$

Poziţia punctului M este determinată prin relaţia vectorială (7), care se descompune în relaţiile scalare (8) şi (9), unde s_2=AM. După utilizarea expresiilor (4) şi (5), relaţiile (8) şi (9) capătă formele (10) respectiv (11).

$$\overline{A_0 M} = \overline{r} - \overline{s}_2 \quad (7)$$

$$x_M = r\cdot\cos\varphi - s_2\cdot\cos\psi \quad (8)$$

$$y_M = r\cdot\sin\varphi - s_2\cdot\sin\psi \quad (9)$$

$$x_M = r\cdot\cos\varphi \mp s_2\cdot\left(1-\frac{1}{2}\cdot\lambda^2\cdot\sin^2\varphi\right) \quad (10)$$

$$y_M = (r - s_2\cdot\lambda)\cdot\sin\varphi \quad (11)$$

Derivăm relaţiile de poziţii (10) şi (11) în raport cu timpul, de două ori succesiv, şi obţinem mai întâi relaţiile de viteze (12) respectiv (13), şi apoi relaţiile acceleraţiilor (14) respectiv (15).

$$v_{Mx} \equiv \dot{x}_M = -\omega_1\cdot\left(r\cdot\sin\varphi \mp \frac{1}{2}\cdot s_2\cdot\lambda^2\cdot\sin 2\varphi\right) \quad (12)$$

$$v_{My} \equiv \dot{y}_M = \omega_1\cdot(r - s_2\cdot\lambda)\cdot\cos\varphi \quad (13)$$

$$a_{Mx} \equiv \dot{v}_{Mx} \equiv \ddot{x}_M = -\omega_1^2\cdot\left(r\cdot\cos\varphi \mp s_2\cdot\lambda^2\cdot\cos 2\varphi\right) \quad (14)$$

$$a_{My} \equiv \dot{v}_{My} \equiv \ddot{y}_M = -\omega_1^2\cdot(r - s_2\cdot\lambda)\cdot\sin\varphi \quad (15)$$

Rezultă imediat mărimile vitezei absolute (16) şi acceleraţiei absolute (17).

$$v_M = \sqrt{v_{Mx}^2 + v_{My}^2} \quad (16)$$

$$a_M = \sqrt{a_{Mx}^2 + a_{My}^2} \quad (17)$$

Unghiul θ dintre vectorii $\overline{v}_M$ şi $\overline{a}_M$ rezultă constructiv (după ce se construiesc vectorii a_{Mx} şi a_{My} şi rezultă vectorul a_M, iar vectorul v_M se construieşte şi el din componentele scalare sau se poziţionează direct în punctul M, perpendicular pe dreapta IM; vezi figura 2). Pentru siguranţă se şi calculează cosinusul unghiului θ, cu relaţia (18) cunoscută din geometria analitică.

$$\cos\theta = \frac{v_{Mx} \cdot a_{Mx} + v_{My} \cdot a_{My}}{v_M \cdot a_M} \quad (18)$$

Acceleraţia normală a punctului M se calculează cu relaţia (19) şi se şi verifică grafic pe desenul din figura 2.

$$a_M^n = a_M \cdot \sin\theta \quad (19)$$

Acum se poate calcula raza de curbură în punctul M, cu relaţia (20) explicitată din expresia (6).

$$\rho_M = \frac{v_M^2}{a_M^n} \quad (20)$$

2. Modul de lucru

Pe mecanismul real se măsoară lungimile r şi l.

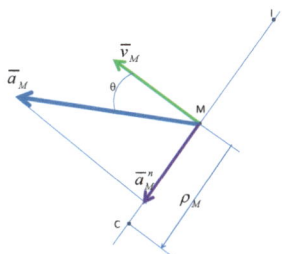

Fig. 2. *Determinarea razei de curbură corespunzătoare lui M*

Se reprezintă grafic (pe un format A4) mecanismul la scară pentru o poziţie dată a manivelei, prin unghiul φ.

Se alege poziţia punctului M pe bielă şi i se calculează coordonatele cu relaţiile (10) şi (11).

Se calculează componentele vitezei şi acceleraţiei cu relaţiile (12), (13), (14), (15), apoi mărimea vitezei absolute cu relaţia (16) şi cea a acceleraţiei absolute cu relaţia (17).

Se figurează în punctul M vectorii $\overline{v}_M$ şi $\overline{a}_M$ şi se verifică mărimea unghiului θ cu relaţia (18).

Se calculează componenta normală a acceleraţiei, cu relaţia (19) şi se verifică cu lungimea corespunzătoare de pe desen.

Perpendiculara în punctul M pe $\overline{v}_M$ determină direcţia pe care se găsesc I (CIR) şi C (centrul de curbură).

Pe această direcţie se măsoară, din M, mărimea razei de curbură obţinută prin calcul din relaţia (20), şi se poziţionează punctul C.

Dacă poziţia mecanismului permite reprezentarea punctului I pe desen, se determină şi acesta.

CAP. VIII CINETOSTATICA DIADEI RRR

În figura 1 este prezentată schema cinetostaticii minime a diadei 3R (încărcată cu torsorul forţelor de inerţie considerate forţe exterioare), diada de aspectul 1. Pentru cazul în care apar forţe exterioare suplimentare, cum ar fi rezistenţele tehnologice, vor fi adăugate şi ele (suprapuse) pe torsorul forţelor exterioare. Dacă turaţia de lucru este scăzută, iar mecanismul lucrează strict în poziţie verticală, se pot adăuga şi componentele exterioare ale forţelor de greutate, care vor face ca vectorii verticali ai forţelor de inerţie situaţi în cele două centre de greutate, G_2 respectiv G_3, să se modifice, mărimii lor adăugându-li-se şi mărimea -$m_i \cdot g$, unde i ia valorile 2, respectiv 3.

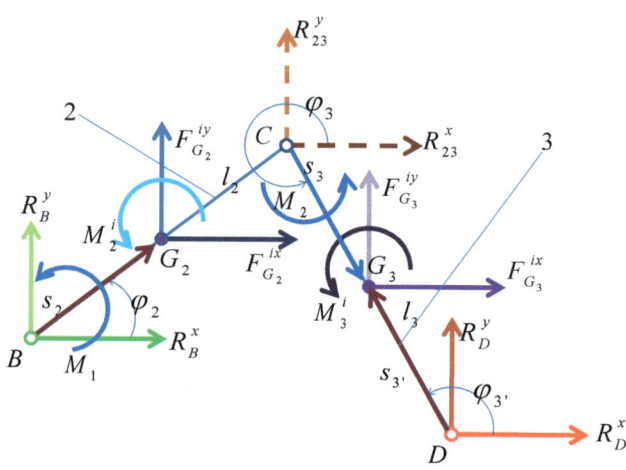

Fig. 1. *Schema cinetostatică a diadei 3R*

Reacţiunile din cuple reprezintă încărcările interioare (forţele interioare). Dacă forţele exterioare se cunosc în general (se dau, se determină, se calculează), forţele interioare (reacţiunile din cuplele cinematice) rezultă din echilibrul de forţe şi momente al diadei.

Pentru început scriem o ecuaţie reprezentând suma momentelor pe întreaga diadă faţă de punctul D, şi o alta reprezentând suma tuturor momentelor de pe elementul 2 faţă de punctul C (sistemul 1). Cele două ecuaţii se rescriu sub forma sistemului (2).

$$\begin{cases} \sum M_C^{(2)} = 0 \Rightarrow R_B^x \cdot (y_C - y_B) - R_B^y \cdot (x_C - x_B) + M_1 + \\ + F_{G_2}^{ix} \cdot (y_C - y_{G_2}) - F_{G_2}^{iy} \cdot (x_C - x_{G_2}) + M_2^i = 0 \\ \sum M_D^{(2,3)} = 0 \Rightarrow R_B^x \cdot (y_D - y_B) - R_B^y \cdot (x_D - x_B) + M_1 + \\ + F_{G_2}^{ix} \cdot (y_D - y_{G_2}) - F_{G_2}^{iy} \cdot (x_D - x_{G_2}) + M_2^i + \\ + M_2 + F_{G_3}^{ix} \cdot (y_D - y_{G_3}) - F_{G_3}^{iy} \cdot (x_D - x_{G_3}) + M_3^i = 0 \end{cases} \quad (1)$$

$$\begin{cases} (y_C - y_B) \cdot R_B^x - (x_C - x_B) \cdot R_B^y = -M_1 - F_{G_2}^{ix} \cdot (y_C - y_{G_2}) + F_{G_2}^{iy} \cdot (x_C - x_{G_2}) - M_2^i \\ (y_D - y_B) \cdot R_B^x - (x_D - x_B) \cdot R_B^y = -M_1 - F_{G_2}^{ix} \cdot (y_D - y_{G_2}) + F_{G_2}^{iy} \cdot (x_D - x_{G_2}) - M_2^i - \\ - M_2 - F_{G_3}^{ix} \cdot (y_D - y_{G_3}) + F_{G_3}^{iy} \cdot (x_D - x_{G_3}) - M_3^i \end{cases} \quad (2)$$

Sistemul (2) se poate aranja sub forma unui sistem liniar (3) de două ecuații cu două necunoscute $R_{12}^x \equiv R_B^x$; $R_{12}^y \equiv R_B^y$, având coeficienții dați de sistemul (4).

$$\begin{cases} a_{11} \cdot R_{12}^x + a_{12} \cdot R_{12}^y = a_1 \\ a_{21} \cdot R_{12}^x + a_{22} \cdot R_{12}^y = a_2 \end{cases} \quad \text{sau} \quad \begin{cases} a_{11} \cdot R_B^x + a_{12} \cdot R_B^y = a_1 \\ a_{21} \cdot R_B^x + a_{22} \cdot R_B^y = a_2 \end{cases} \quad (3)$$

$$\begin{cases} a_{11} = y_C - y_B; \quad a_{12} = -(x_C - x_B); \quad a_1 = -M_1 - F_{G_2}^{ix} \cdot (y_C - y_{G_2}) + F_{G_2}^{iy} \cdot (x_C - x_{G_2}) - M_2^i \\ a_{21} = y_D - y_B; \quad a_{22} = -(x_D - x_B); \\ a_2 = -M_1 - F_{G_2}^{ix} \cdot (y_D - y_{G_2}) + F_{G_2}^{iy} \cdot (x_D - x_{G_2}) - M_2^i - M_2 - \\ - F_{G_3}^{ix} \cdot (y_D - y_{G_3}) + F_{G_3}^{iy} \cdot (x_D - x_{G_3}) - M_3^i \end{cases} \quad (4)$$

Soluțiile sistemului (3) vor fi date de sistemul (5).

$$\begin{cases} \Delta = \begin{vmatrix} a_{11} & a_{12} \\ a_{21} & a_{22} \end{vmatrix} = a_{11} \cdot a_{22} - a_{12} \cdot a_{21} \quad \Delta_x = \begin{vmatrix} a_1 & a_{12} \\ a_2 & a_{22} \end{vmatrix} = a_{22} \cdot a_1 - a_{12} \cdot a_2 \\ \Delta_y = \begin{vmatrix} a_{11} & a_1 \\ a_{21} & a_2 \end{vmatrix} = a_{11} \cdot a_2 - a_{21} \cdot a_1 \\ R_B^x \equiv R_{12}^x = \dfrac{\Delta_x}{\Delta} = \dfrac{a_{22} \cdot a_1 - a_{12} \cdot a_2}{a_{11} \cdot a_{22} - a_{12} \cdot a_{21}}; \quad R_B^y \equiv R_{12}^y = \dfrac{\Delta_y}{\Delta} = \dfrac{a_{11} \cdot a_2 - a_{21} \cdot a_1}{a_{11} \cdot a_{22} - a_{12} \cdot a_{21}} \end{cases} \quad (5)$$

În continuare se scrie suma tuturor forțelor de pe diada (2,3) proiectate separat, mai întâi pe axa x, și apoi pe axa y (sistemul 6), obținându-se astfel alte două reacțiuni (forțe interioare), R_{03}^x și R_{03}^y.

$$\begin{cases} \sum F_x^{(2,3)} = 0 \Rightarrow R_{12}^x + F_{G_2}^{ix} + F_{G_3}^{ix} + R_{03}^x = 0 \Rightarrow \\ \Rightarrow R_D^x \equiv R_{03}^x = -R_{12}^x - F_{G_2}^{ix} - F_{G_3}^{ix} \\ \sum F_y^{(2,3)} = 0 \Rightarrow R_{12}^y + F_{G_2}^{iy} + F_{G_3}^{iy} + R_{03}^y = 0 \Rightarrow \\ \Rightarrow R_D^y \equiv R_{03}^y = -R_{12}^y - F_{G_2}^{iy} - F_{G_3}^{iy} \end{cases} \quad (6)$$

Pentru ultimile două componente scalare ale reacțiunii (interioare) cuplei C se scrie un nou sistem de echilibru de forțe, de pe elementul 2 spre exemplu, proiectate separat pe axele scalare x, respectiv y (sistemul 7).

$$\begin{cases} \sum F_x^{(2)} = 0 \Rightarrow R_{12}^x + F_{G_2}^{ix} - R_{23}^x = 0 \Rightarrow R_{23}^x = R_{12}^x + F_{G_2}^{ix} \\ \sum F_y^{(2)} = 0 \Rightarrow R_{12}^y + F_{G_2}^{iy} - R_{23}^y = 0 \Rightarrow R_{23}^y = R_{12}^y + F_{G_2}^{iy} \end{cases}$$

$sau \begin{cases} \sum F_x^{(3)} = 0 \Rightarrow R_{23}^x + F_{G_3}^{ix} + R_D^x = 0 \Rightarrow R_{23}^x = -F_{G_3}^{ix} - R_D^x \\ \sum F_y^{(3)} = 0 \Rightarrow R_{23}^y + F_{G_3}^{iy} + R_D^y = 0 \Rightarrow R_{23}^y = -F_{G_3}^{iy} - R_D^y \end{cases}$ (7)

Se obțin astfel direct reacțiunile scalare R_{23}^x și R_{23}^y. Opusele lor, R_{32}^x și R_{32}^y vor fi egale cu ele dar orientate invers lor, sau altfel spus vor avea aceeași mărime însă cu semn schimbat.

Pentru ca tot calculul cinetostatic al diadei 3R să fie posibil trebuiesc determinate în prealabil forțele și momentele de inerție, separat pentru fiecare element al diadei. Acestea poartă denumirea de „torsorul forțelor inerțiale", și se exprimă cu ajutorul relațiilor sistemului (8).

$$\begin{cases} \begin{cases} F_{G_2}^{ix} = -m_2 \cdot \ddot{x}_{G_2} \\ F_{G_2}^{iy} = -m_2 \cdot \ddot{y}_{G_2} \\ M_2^i = -J_{G_2} \cdot \varepsilon_2 \end{cases} \begin{cases} F_{G_3}^{ix} = -m_3 \cdot \ddot{x}_{G_3} \\ F_{G_3}^{iy} = -m_3 \cdot \ddot{y}_{G_3} \\ M_3^i = -J_{G_3} \cdot \varepsilon_3 \end{cases} \\ \begin{cases} x_{G_2} = x_B + s_2 \cdot \cos\varphi_2 \\ y_{G_2} = y_B + s_2 \cdot \sin\varphi_2 \end{cases} \Rightarrow \begin{cases} \dot{x}_{G_2} = \dot{x}_B - s_2 \cdot \sin\varphi_2 \cdot \dot{\varphi}_2 \\ \dot{y}_{G_2} = \dot{y}_B + s_2 \cdot \cos\varphi_2 \cdot \dot{\varphi}_2 \end{cases} \Rightarrow \\ \Rightarrow \begin{cases} \ddot{x}_{G_2} = \ddot{x}_B - s_2 \cdot \cos\varphi_2 \cdot \omega_2^2 - s_2 \cdot \sin\varphi_2 \cdot \varepsilon_2 \\ \ddot{y}_{G_2} = \ddot{y}_B - s_2 \cdot \sin\varphi_2 \cdot \omega_2^2 + s_2 \cdot \cos\varphi_2 \cdot \varepsilon_2 \end{cases} \\ \begin{cases} x_{G_3} = x_D + s_{3'} \cdot \cos\varphi_{3'} \\ y_{G_3} = y_D + s_{3'} \cdot \sin\varphi_{3'} \end{cases} \Rightarrow \begin{cases} \dot{x}_{G_3} = \dot{x}_D - s_{3'} \cdot \sin\varphi_{3'} \cdot \dot{\varphi}_3 \\ \dot{y}_{G_3} = \dot{y}_D + s_{3'} \cdot \cos\varphi_{3'} \cdot \dot{\varphi}_3 \end{cases} \Rightarrow \\ \Rightarrow \begin{cases} \ddot{x}_{G_3} = \ddot{x}_D - s_{3'} \cdot \cos\varphi_{3'} \cdot \omega_3^2 - s_{3'} \cdot \sin\varphi_{3'} \cdot \varepsilon_3 \\ \ddot{y}_{G_3} = \ddot{y}_D - s_{3'} \cdot \sin\varphi_{3'} \cdot \omega_3^2 + s_{3'} \cdot \cos\varphi_{3'} \cdot \varepsilon_3 \end{cases} \quad sau \\ \begin{cases} x_{G_3} = x_B + l_2 \cdot \cos\varphi_2 + s_3 \cdot \cos\varphi_3 \\ y_{G_3} = y_B + l_2 \cdot \sin\varphi_2 + s_3 \cdot \sin\varphi_3 \end{cases} \begin{cases} \dot{x}_{G_3} = \dot{x}_B - l_2 \cdot \sin\varphi_2 \cdot \omega_2 - s_3 \cdot \sin\varphi_3 \cdot \omega_3 \\ \dot{y}_{G_3} = \dot{y}_B + l_2 \cdot \cos\varphi_2 \cdot \omega_2 + s_3 \cdot \cos\varphi_3 \cdot \omega_3 \end{cases} \\ \begin{cases} \ddot{x}_{G_3} = \ddot{x}_B - l_2 \cdot \cos\varphi_2 \cdot \omega_2^2 - l_2 \cdot \sin\varphi_2 \cdot \varepsilon_2 - s_3 \cdot \cos\varphi_3 \cdot \omega_3^2 - s_3 \cdot \sin\varphi_3 \cdot \varepsilon_3 \\ \ddot{y}_{G_3} = \ddot{y}_B - l_2 \cdot \sin\varphi_2 \cdot \omega_2^2 + l_2 \cdot \cos\varphi_2 \cdot \varepsilon_2 - s_3 \cdot \sin\varphi_3 \cdot \omega_3^2 + s_3 \cdot \cos\varphi_3 \cdot \varepsilon_3 \end{cases} \end{cases}$$ (8)

Mai jos se pot vedea graficele celor șase reacțiuni din cuplele diadei 3R, în funcție de unghiul FI al manivelei, atunci când triada este legată la această manivelă alcătuind împreună un mecanism 4R.

Variația este prezentată pe un întreg ciclu cinematic, pentru o viteză unghiulară a manivelei de 200 respectiv 300 [s^{-1}].

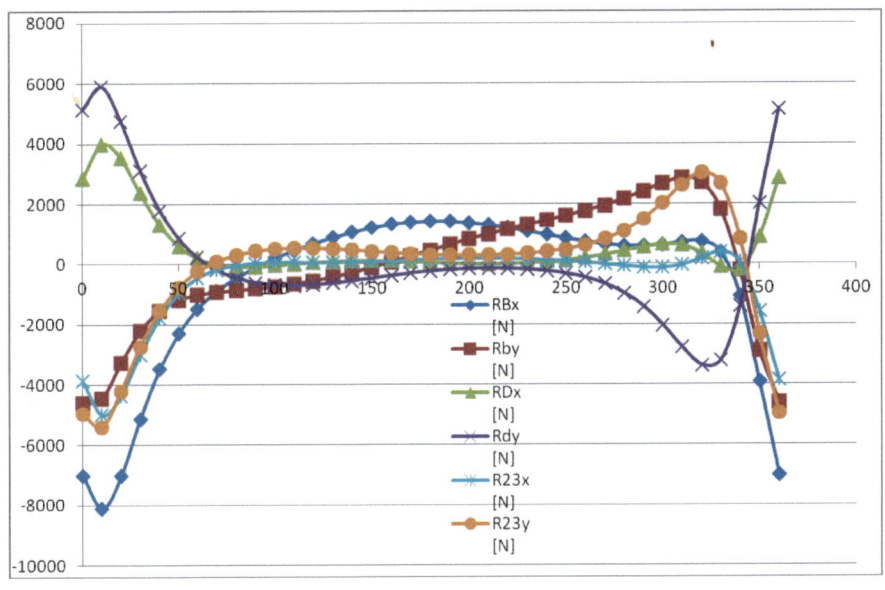

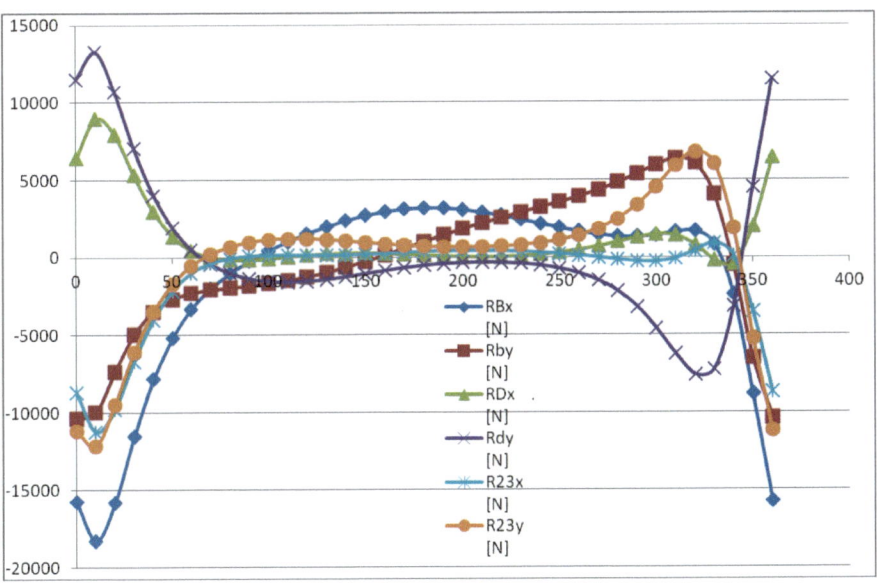

CAP. IX DISTRIBUȚIA FORȚELOR LA MECANISMUL PATRULATER ARTICULAT

1. Introducere

Cinematica mecanismului patrulater plan, prezentat în figura 1, se determină printr-o metodă originală care combină mai multe metode cunoscute. Se pornește cu o metodă trigonometrică utilizată pentru determinarea rapidă a pozițiilor. Vitezele și accelerațiile se determină apoi cu ajutorul unei metode geometrice, care află mai întâi vitezele și accelerațiile în cupla interioară a diadei 3R și abia apoi se pot calcula vitezele unghiulare și accelerațiile unghiulare necesare. Plecând apoi de la elementele cinematice deja determinate se poate stabili distribuția forțelor în mecanismul 4R, se determină coeficientul dinamic, și se calculează eficiența mecanismului patrulater plan.

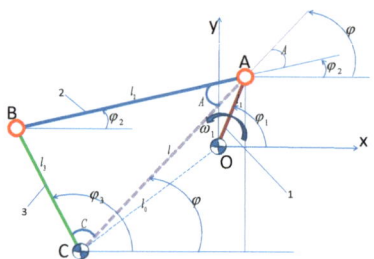

Fig. 1. Schema cinematică a mecanismului patrulater articulat

2. Cinematica mecanismului patrulater articulat

Schema cinematică a mecanismului patrulater plan poate fi urmărită în figura 1.

Se consideră cunoscuți următorii parametri cinematici: $x_O; y_O; x_C; y_C; l_1; l_2; l_3; \varphi_1; \omega_1 = ct$.

a. Determinarea pozițiilor

Pozițiile se determină rapid și direct printr-o metodă trigonometrică simplă (vezi relațiile sistemului 1).

$$\begin{cases} \begin{cases} x_A = l_1 \cdot \cos \varphi_1 \\ y_A = l_1 \cdot \sin \varphi_1 \end{cases} \begin{cases} \dot{x}_A = -l_1 \cdot \sin \varphi_1 \cdot \omega_1 \\ \dot{y}_A = l_1 \cdot \cos \varphi_1 \cdot \omega_1 \end{cases} \begin{cases} \ddot{x}_A = -l_1 \cdot \cos \varphi_1 \cdot \omega_1^2 \\ \ddot{y}_A = -l_1 \cdot \sin \varphi_1 \cdot \omega_1^2 \end{cases} \\ l^2 = (x_A - x_C)^2 + (y_A - y_C)^2 \Rightarrow l = \sqrt{l^2} = \sqrt{(x_A - x_C)^2 + (y_A - y_C)^2} \\ \cos A = \dfrac{l^2 + l_2^2 - l_3^2}{2 \cdot l \cdot l_2} \Rightarrow A = \arccos(\cos A); \\ \cos C = \dfrac{l^2 + l_3^2 - l_2^2}{2 \cdot l \cdot l_3} \Rightarrow C = \arccos(\cos C) \\ \begin{cases} \cos \varphi = \dfrac{x_A - x_C}{l} \\ \sin \varphi = \dfrac{y_A - y_C}{l} \end{cases} \Rightarrow \varphi = sign(\sin \varphi) \cdot \arccos(\cos \varphi); \\ \Rightarrow \begin{cases} \varphi_2 = \varphi - A \\ \varphi_3 = \varphi + C \end{cases} \begin{cases} x_B = x_C + l_3 \cdot \cos \varphi_3 \\ y_B = y_C + l_3 \cdot \sin \varphi_3 \end{cases} \end{cases} \quad (1)$$

b. **Determinarea vitezelor cuplei interne B**

Vitezele cuplei interioare B, a diadei 3R, se determină cu ajutorul unei metode geometrice, în cadrul căreia se ajunge la un sistem liniar de două ecuații de gradul 1 cu două necunoscute, care se rezolvă matricial cu ajutorul determinanților, conform relațiilor date de sistemul 2.

$$\begin{cases} \begin{cases} (x_B - x_C)^2 + (y_B - y_C)^2 = l_3^2 \\ (x_B - x_A)^2 + (y_B - y_A)^2 = l_2^2 \end{cases} \Rightarrow \\ \begin{cases} (x_B - x_C) \cdot \dot{x}_B + (y_B - y_C) \cdot \dot{y}_B = 0 \\ (x_B - x_A) \cdot \dot{x}_B + (y_B - y_A) \cdot \dot{y}_B = (x_B - x_A) \cdot \dot{x}_A + (y_B - y_A) \cdot \dot{y}_A \end{cases} \\ a_{11} = x_B - x_C; \quad a_{12} = y_B - y_C; \quad a_{21} = x_B - x_A; \\ a_{22} = y_B - y_A; \quad b_1 = 0; \quad b_2 = a_{21} \cdot \dot{x}_A + a_{22} \cdot \dot{y}_A \\ \begin{cases} a_{11} \cdot \dot{x}_B + a_{12} \cdot \dot{y}_B = b_1 \\ a_{21} \cdot \dot{x}_B + a_{22} \cdot \dot{y}_B = b_2 \end{cases} \Rightarrow \\ \Delta = \begin{vmatrix} a_{11} & a_{12} \\ a_{21} & a_{22} \end{vmatrix} = a_{11} \cdot a_{22} - a_{12} \cdot a_{21}; \\ \Delta_{\dot{x}_B} = \begin{vmatrix} b_1 & a_{12} \\ b_2 & a_{22} \end{vmatrix} = b_1 \cdot a_{22} - a_{12} \cdot b_2 \\ \Delta_{\dot{y}_B} = \begin{vmatrix} a_{11} & b_1 \\ a_{21} & b_2 \end{vmatrix} = a_{11} \cdot b_2 - a_{21} \cdot b_1; \\ \dot{x}_B = \frac{\Delta_{\dot{x}_B}}{\Delta}; \quad \dot{y}_B = \frac{\Delta_{\dot{y}_B}}{\Delta} \end{cases} \quad (2)$$

c. **Determinarea accelerațiilor cuplei B**

Accelerațiile cuplei interioare B a diadei RRR se determină prin derivarea relațiilor vitezelor (sistemul 3).

$$\begin{cases} \begin{cases} (x_B - x_C) \cdot \ddot{x}_B + (y_B - y_C) \cdot \ddot{y}_B = -\dot{x}_B^2 - \dot{y}_B^2 \\ (x_B - x_A) \cdot \ddot{x}_B + (y_B - y_A) \cdot \ddot{y}_B = a_{21} \cdot \ddot{x}_A + a_{22} \cdot \ddot{y}_A - \dot{a}_{21}^2 - \dot{a}_{22}^2 \end{cases} \\ c_1 = -\dot{x}_B^2 - \dot{y}_B^2; \quad c_2 = a_{21} \cdot \ddot{x}_A + a_{22} \cdot \ddot{y}_A - \dot{a}_{21}^2 - \dot{a}_{22}^2 \\ \begin{cases} a_{11} \cdot \ddot{x}_B + a_{12} \cdot \ddot{y}_B = c_1 \\ a_{21} \cdot \ddot{x}_B + a_{22} \cdot \ddot{y}_B = c_2 \end{cases} \Rightarrow \\ \Rightarrow \Delta_{\ddot{x}_B} = \begin{vmatrix} c_1 & a_{12} \\ c_2 & a_{22} \end{vmatrix} = c_1 \cdot a_{22} - a_{12} \cdot c_2 \\ \Delta_{\ddot{y}_B} = \begin{vmatrix} a_{11} & c_1 \\ a_{21} & c_2 \end{vmatrix} = a_{11} \cdot c_2 - a_{21} \cdot c_1; \\ \ddot{x}_B = \dfrac{\Delta_{\ddot{x}_B}}{\Delta}; \quad \ddot{y}_B = \dfrac{\Delta_{\ddot{y}_B}}{\Delta} \end{cases} \quad (3)$$

d. Determinarea vitezelor şi acceleraţiilor unghiulare

Se utilizează în continuare metoda vectorială (a contururilor) pentru determinarea rapidă şi precisă a vitezelor unghiulare şi acceleraţiilor unghiulare ale mecanismului 4R, mai exact derivatele de ordinul I şi II ale poziţiilor unghiulare ale diadei 3R (vezi sistemul de relaţii 4).

$$\begin{cases} \begin{cases} x_A - x_B = l_2 \cdot \cos\varphi_2 \\ y_A - y_B = l_2 \cdot \sin\varphi_2 \end{cases} \begin{cases} \dot{x}_A - \dot{x}_B = -l_2 \cdot \sin\varphi_2 \cdot \omega_2 \mid (-\sin\varphi_2) \\ \dot{y}_A - \dot{y}_B = l_2 \cdot \cos\varphi_2 \cdot \omega_2 \mid (\cos\varphi_2) \end{cases} \Rightarrow \\ \Rightarrow \omega_2 = \dfrac{(\dot{y}_A - \dot{y}_B) \cdot \cos\varphi_2 - (\dot{x}_A - \dot{x}_B) \cdot \sin\varphi_2}{l_2} \\ \begin{cases} \ddot{x}_A - \ddot{x}_B = -l_2 \cdot \sin\varphi_2 \cdot \varepsilon_2 - l_2 \cdot \cos\varphi_2 \cdot \omega_2^2 \mid (-\sin\varphi_2) \\ \ddot{y}_A - \ddot{y}_B = l_2 \cdot \cos\varphi_2 \cdot \varepsilon_2 - l_2 \cdot \sin\varphi_2 \cdot \omega_2^2 \mid (\cos\varphi_2) \end{cases} \Rightarrow \\ \Rightarrow \varepsilon_2 = \dfrac{(\ddot{y}_A - \ddot{y}_B) \cdot \cos\varphi_2 - (\ddot{x}_A - \ddot{x}_B) \cdot \sin\varphi_2}{l_2} \\ \begin{cases} x_B - x_C = l_3 \cdot \cos\varphi_3 \\ y_B - y_C = l_3 \cdot \sin\varphi_3 \end{cases} \begin{cases} \dot{x}_B - \dot{x}_C = -l_3 \cdot \sin\varphi_3 \cdot \omega_3 \mid (-\sin\varphi_3) \\ \dot{y}_B - \dot{y}_C = l_3 \cdot \cos\varphi_3 \cdot \omega_3 \mid (\cos\varphi_3) \end{cases} \Rightarrow \\ \Rightarrow \omega_3 = \dfrac{(\dot{y}_B - \dot{y}_C) \cdot \cos\varphi_3 - (\dot{x}_B - \dot{x}_C) \cdot \sin\varphi_3}{l_3} \\ \begin{cases} \ddot{x}_B - \ddot{x}_C = -l_3 \cdot \sin\varphi_3 \cdot \varepsilon_3 - l_3 \cdot \cos\varphi_3 \cdot \omega_3^2 \mid (-\sin\varphi_3) \\ \ddot{y}_B - \ddot{y}_C = l_3 \cdot \cos\varphi_3 \cdot \varepsilon_3 - l_3 \cdot \sin\varphi_3 \cdot \omega_3^2 \mid (\cos\varphi_3) \end{cases} \Rightarrow \\ \Rightarrow \varepsilon_3 = \dfrac{(\ddot{y}_B - \ddot{y}_C) \cdot \cos\varphi_3 - (\ddot{x}_B - \ddot{x}_C) \cdot \sin\varphi_3}{l_3} \end{cases} \quad (4)$$

3. Eficienţa mecanismului patrulater plan; distribuţia forţelor în mecanism

Determinarea randamentului mecanismului patrulater plan (articulat), se poate face pornind de la stabilirea distribuţiei forţelor în mecanism, plecând dinspre elementul conducător (manivela 1, care dă momentul motor şi deci şi forţa motoare), şi mergând către elementul final condus, care poate fi biela 2, sau chiar balansierul 3. Se determină forţele stabilite (vitezele sunt deja cunoscute), puterile (bilanţul puterilor), şi randamentul mecanic al patrulaterului articulat (vezi figura 2).

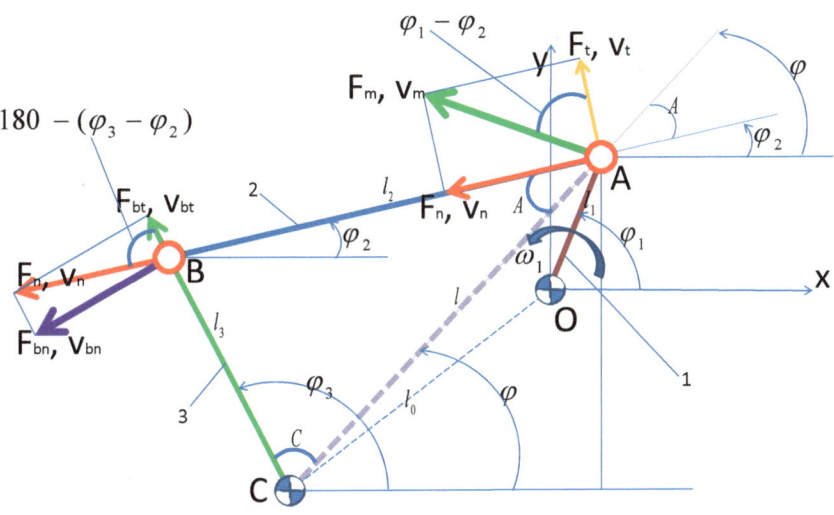

Fig. 2. *Distribuţia forţelor şi a vitezelor dinamice în mecanismul 4R*

În sistemul de relaţii (5) sunt determinate forţele din mecanism (care dau mişcarea dinamică, reală, a mecanismului).

Vitezele cinematice sunt deja cunoscute. Se determină însă şi vitezele dinamice care urmăresc aceleaşi direcţii cu cele ale forţelor, şi în general nu coincid cu vitezele cinematice.

Forţa motoare F_m este perpendiculară pe manivela 1 în punctul A. Ea se transmite şi bielei 2, prin intermediul cuplei comune (A), şi se descompune pe biela doi în două componente: una în lungul bielei F_n, şi alta perpendiculară pe axul bielei F_t, care roteşte biela.

Componenta normală F_n, este singura care se transmite prin bielă în orice punct al ei, deci şi în cupla B, unde se transmite mai departe şi elementului balansier 3, pe care se împarte la rândul ei în două componente F_{bn} şi F_{bt}. F_{bn} este perpendiculară pe balansierul 3 în punctul B, şi reprezintă singura componentă utilă pentru acest element, ea producând rotaţia (balansul) elementului 3.

Randamentul mecanic instantaneu al mecanismului 4R, se determină cu forţele prezentate şi cu vitezele cinematice cunoscute.

$$\begin{cases}\begin{cases}F_n = F_m \cdot \sin(\varphi_1 - \varphi_2) \\ v_n = v_m \cdot \sin(\varphi_1 - \varphi_2)\end{cases} \\ \begin{cases}F_B \equiv F_{bn} = F_n \cdot \sin[\pi - (\varphi_3 - \varphi_2)] = \\ = F_m \cdot \sin(\varphi_1 - \varphi_2) \cdot \sin(\varphi_3 - \varphi_2)\end{cases} \\ \begin{cases}v_B^D \equiv v_{bn} = v_n \cdot \sin[\pi - (\varphi_3 - \varphi_2)] = \\ = v_m \cdot \sin(\varphi_1 - \varphi_2) \cdot \sin(\varphi_3 - \varphi_2)\end{cases} \\ \omega_3 = \dfrac{l_1 \cdot \sin(\varphi_1 - \varphi_2) \cdot \omega_1}{l_3 \cdot \sin(\varphi_3 - \varphi_2)} \Rightarrow \\ v_B = l_3 \cdot \omega_3 = \dfrac{l_1 \cdot \omega_1 \cdot \sin(\varphi_1 - \varphi_2)}{\sin(\varphi_3 - \varphi_2)} = \dfrac{v_m \cdot \sin(\varphi_1 - \varphi_2)}{\sin(\varphi_3 - \varphi_2)} \\ v_B^D = D \cdot v_B \Leftrightarrow v_m \cdot \sin(\varphi_1 - \varphi_2) \cdot \sin(\varphi_3 - \varphi_2) = \\ D \cdot \dfrac{v_m \cdot \sin(\varphi_1 - \varphi_2)}{\sin(\varphi_3 - \varphi_2)} \Rightarrow D = \sin^2(\varphi_3 - \varphi_2) \\ \eta_i = \dfrac{P_3}{P_1} = \dfrac{F_B \cdot v_B}{F_m \cdot v_m} = \\ = \dfrac{F_m \cdot \sin(\varphi_1 - \varphi_2) \cdot \sin(\varphi_3 - \varphi_2) \cdot \dfrac{v_m \cdot \sin(\varphi_1 - \varphi_2)}{\sin(\varphi_3 - \varphi_2)}}{F_m \cdot v_m} = \\ = \sin^2(\varphi_1 - \varphi_2) \\ \eta_i^D = \dfrac{P_3^D}{P_1} = \dfrac{F_B \cdot v_B^D}{F_m \cdot v_m} = \\ = \dfrac{F_m \cdot \sin(\varphi_1 - \varphi_2) \cdot \sin(\varphi_3 - \varphi_2) \cdot v_m \cdot \sin(\varphi_1 - \varphi_2) \cdot \sin(\varphi_3 - \varphi_2)}{F_m \cdot v_m} = \\ = \sin^2(\varphi_3 - \varphi_2) \cdot \sin^2(\varphi_1 - \varphi_2) = D \cdot \eta_i\end{cases} \quad (5)$$

Randamentul dinamic instantaneu al mecanismului 4R se determină însă cu puterile dinamice, în care forțele rămân neschimbate, însă vitezele cinematice (clasice) sunt înlocuite de vitezele dinamice prezentate în sistemul 5, acestea fiind determinate în mod similar distribuției forțelor, deoarece sunt produse de forțe și tind să aibă același suport cu forțele care le-au generat. Randamentul dinamic instantaneu (momentan) este întotdeauna mai mic sau cel mult egal cu cel mecanic instantaneu, el fiind practic produsul dintre randamentul mecanic și coeficientul dinamic D. La fel și viteza dinamică reprezintă produsul dintre viteza cinematică și coeficientul dinamic D. Și viteza unghiulară dinamică (variabilă), poate fi exprimată la rândul ei prin produsul dintre viteza unghiulară (cinematică, clasică, constantă, impusă, cunoscută) și coeficientul dinamic D, conform relației (6).

$$\omega_1^D = D \cdot \omega_1 \quad (6)$$

Cu ajutorul acestui coeficient dinamic D, se poate stabili o metodă rapidă de determinare a parametrilor dinamici ai mecanismului.

Bibliografie

[1] Pelecudi, Chr., ş.a., *Mecanisme*. E.D.P., București, 1985.

CAP. X DETERMINAREA REACŢIUNII DIN CUPLA MOTOARE LA MECANISMUL PATRULATER ARTICULAT

Uzura cuplelor cinematice şi a elementelor cinematice depinde de mărimea reacţiunilor din cuplele cinematice. Calculul de rezistenţa materialelor, şi cel organologic (care arată la câte cicluri de funcţionare poate rezista mecanismul respectiv şi fiecare componentă a sa) se face tot pornind de la mărimea reacţiunilor din cuplele cinematice. La mecanismul patrulater plan o importanţă deosebită o are reacţiunea din cupla motoare, fapt pentru care ne propunem determinarea acestei reacţiuni, R_B. Se porneşte cu calculul cinematic şi cinetostatic al diadei 3R din figura 1.

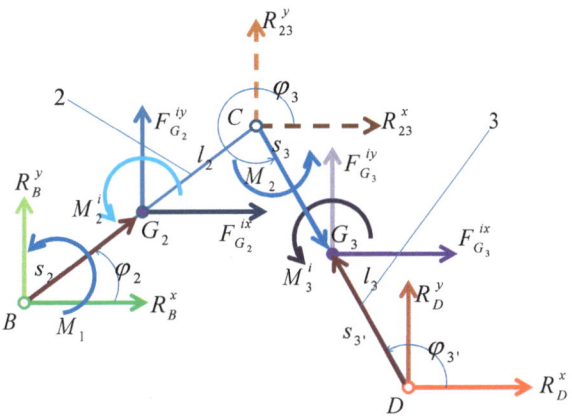

Fig. 1. *Schema cinetostatică a diadei 3R*

Se măsoară pe mecanism: l_1, l_2, l_3, x_D, y_D, s_2 şi s_3 (în m). Se impun (se dau) unghiul φ_1 şi turaţia manivelei n_1. Se determină prin cântărire masele m_2 şi m_3 (în kg). Cu relaţiile (sistemului 1) se determină unghiurile de poziţie φ_2, φ_3, şi coordonatele scalare ale punctului C, iar din sistemul (2) se calculează vitezele şi acceleraţiile unghiulare.

$$\begin{cases} \omega_1 = 2 \cdot \pi \cdot \nu_1 = 2 \cdot \pi \cdot \dfrac{n_1}{60} = \dfrac{\pi}{30} \cdot n_1 \ [s^{-1}] \\[4pt] \begin{cases} x_B = l_1 \cdot \cos \varphi_1 \\ y_B = l_1 \cdot \sin \varphi_1 \end{cases} \begin{cases} \dot{x}_B = -l_1 \cdot \sin \varphi_1 \cdot \omega_1 \\ \dot{y}_B = l_1 \cdot \cos \varphi_1 \cdot \omega_1 \end{cases} \begin{cases} \ddot{x}_B = -l_1 \cdot \cos \varphi_1 \cdot \omega_1^2 \\ \ddot{y}_B = -l_1 \cdot \sin \varphi_1 \cdot \omega_1^2 \end{cases} \\[4pt] l^2 = (x_B - x_D)^2 + (y_B - y_D)^2 \Rightarrow l = \sqrt{l^2} = \sqrt{(x_B - x_D)^2 + (y_B - y_D)^2} \\[4pt] \cos B = \dfrac{l^2 + l_2^2 - l_3^2}{2 \cdot l \cdot l_2} \Rightarrow B = \arccos (\cos B); \cos D = \dfrac{l^2 + l_3^2 - l_2^2}{2 \cdot l \cdot l_3} \Rightarrow D = \arccos (\cos D) \\[4pt] \begin{cases} \cos \varphi = \dfrac{x_D - x_B}{l} \\ \sin \varphi = \dfrac{y_D - y_B}{l} \end{cases} \Rightarrow \varphi = sign(\sin \varphi) \cdot \arccos (\cos \varphi); \\[4pt] \Rightarrow \begin{cases} \varphi_2 = \varphi + B \\ \varphi_3 = \varphi - D \Rightarrow \varphi_{3'} = \varphi_3 + \pi \end{cases} \begin{cases} x_C = x_D + l_3 \cdot \cos \varphi_{3'} \\ y_C = y_D + l_3 \cdot \sin \varphi_{3'} \end{cases} \end{cases} \quad (1)$$

$$\begin{cases} \omega_2 = \dfrac{(\dot{x}_D - \dot{x}_B)\cdot \cos\varphi_3 + (\dot{y}_D - \dot{y}_B)\cdot \sin\varphi_3}{l_2 \cdot \sin(\varphi_3 - \varphi_2)} = \dfrac{l_1 \cdot \sin(\varphi_1 - \varphi_3)\cdot \omega_1}{l_2 \cdot \sin(\varphi_3 - \varphi_2)} \\[2mm] \omega_3 = \dfrac{(\dot{x}_D - \dot{x}_B)\cdot \cos\varphi_2 + (\dot{y}_D - \dot{y}_B)\cdot \sin\varphi_2}{l_3 \cdot \sin(\varphi_2 - \varphi_3)} = \dfrac{l_1 \cdot \sin(\varphi_1 - \varphi_2)\cdot \omega_1}{l_3 \cdot \sin(\varphi_2 - \varphi_3)} \\[2mm] \varepsilon_2 = \dfrac{l_1 \cos(\varphi_1 - \varphi_3)\cdot (\omega_1 - \omega_3)\omega_1 + l_2 \cos(\varphi_2 - \varphi_3)\cdot (\omega_2 - \omega_3)\omega_2}{l_2 \cdot \sin(\varphi_3 - \varphi_2)} \\[2mm] \varepsilon_3 = \dfrac{l_1 \cos(\varphi_1 - \varphi_2)\cdot (\omega_1 - \omega_2)\omega_1 + l_3 \cos(\varphi_3 - \varphi_2)\cdot (\omega_3 - \omega_2)\omega_3}{l_3 \cdot \sin(\varphi_2 - \varphi_3)} \end{cases} \quad (2)$$

Cu ajutorul relațiilor (3) se determină torsorul forțelor de inerție.

$$\begin{cases} \begin{cases} x_{G_2} = x_B + s_2 \cdot \cos\varphi_2 \\ y_{G_2} = y_B + s_2 \cdot \sin\varphi_2 \end{cases} \Rightarrow \begin{cases} \dot{x}_{G_2} = \dot{x}_B - s_2 \cdot \sin\varphi_2 \cdot \dot{\varphi}_2 \\ \dot{y}_{G_2} = \dot{y}_B + s_2 \cdot \cos\varphi_2 \cdot \dot{\varphi}_2 \end{cases} \Rightarrow \\[2mm] \Rightarrow \begin{cases} \ddot{x}_{G_2} = \ddot{x}_B - s_2 \cdot \cos\varphi_2 \cdot \omega_2^2 - s_2 \cdot \sin\varphi_2 \cdot \varepsilon_2 \\ \ddot{y}_{G_2} = \ddot{y}_B - s_2 \cdot \sin\varphi_2 \cdot \omega_2^2 + s_2 \cdot \cos\varphi_2 \cdot \varepsilon_2 \end{cases} \\[2mm] \begin{cases} x_{G_3} = x_D + s_{3'} \cdot \cos\varphi_{3'} \\ y_{G_3} = y_D + s_{3'} \cdot \sin\varphi_{3'} \end{cases} \Rightarrow \begin{cases} \dot{x}_{G_3} = \dot{x}_D - s_{3'} \cdot \sin\varphi_{3'} \cdot \dot{\varphi}_{3'} \\ \dot{y}_{G_3} = \dot{y}_D + s_{3'} \cdot \cos\varphi_{3'} \cdot \dot{\varphi}_{3'} \end{cases} \Rightarrow \\[2mm] \Rightarrow \begin{cases} \ddot{x}_{G_3} = \ddot{x}_D - s_{3'} \cdot \cos\varphi_{3'} \cdot \omega_3^2 - s_{3'} \cdot \sin\varphi_{3'} \cdot \varepsilon_3 \\ \ddot{y}_{G_3} = \ddot{y}_D - s_{3'} \cdot \sin\varphi_{3'} \cdot \omega_3^2 + s_{3'} \cdot \cos\varphi_{3'} \cdot \varepsilon_3 \end{cases} \\[2mm] \begin{cases} F_{G_2}^{ix} = -m_2 \cdot \ddot{x}_{G_2} \\ F_{G_2}^{iy} = -m_2 \cdot \ddot{y}_{G_2} \\ J_{G_2} = m_2 \cdot \dfrac{l_2^2}{12} \\ M_2^i = -J_{G_2} \cdot \varepsilon_2 \end{cases} \begin{cases} F_{G_3}^{ix} = -m_3 \cdot \ddot{x}_{G_3} \\ F_{G_3}^{iy} = -m_3 \cdot \ddot{y}_{G_3} \\ J_{G_3} = m_3 \cdot \dfrac{l_3^2}{12} \\ M_3^i = -J_{G_3} \cdot \varepsilon_3 \end{cases} \end{cases} \quad (3)$$

$$\begin{cases} a_{11} \cdot R_{12}^x + a_{12} \cdot R_{12}^y = a_1 \\ a_{21} \cdot R_{12}^x + a_{22} \cdot R_{12}^y = a_2 \end{cases} \quad (4)$$

$$\begin{cases} a_{11} = y_D - y_B; \quad a_{12} = x_B - x_D; \quad a_1 = F_{G_2}^{ix} \cdot (y_{G_2} - y_D) + \\ + F_{G_2}^{iy} \cdot (x_D - x_{G_2}) + F_{G_3}^{ix} \cdot (y_{G_3} - y_D) + F_{G_3}^{iy} \cdot (x_D - x_{G_3}) - M_2^i - M_3^i \\ a_{21} = y_C - y_B; \quad a_{22} = x_B - x_C; \\ a_2 = F_{G_2}^{ix} \cdot (y_{G_2} - y_C) + F_{G_2}^{iy} \cdot (x_C - x_{G_2}) - M_2^i \end{cases} \quad (5)$$

Soluțiile sistemului (4) vor fi date de sistemul (6), după ce se calculează cu (5) coeficienții: a_{11}, a_{12}, a_1, a_{21}, a_{22}, a_2.

Reacțiunea totală din cupla motoare se determină cu relația (7).

$$\begin{cases} \Delta = \begin{vmatrix} a_{11} & a_{12} \\ a_{21} & a_{22} \end{vmatrix} = a_{11} \cdot a_{22} - a_{12} \cdot a_{21} \\ \\ \Delta_x = \begin{vmatrix} a_1 & a_{12} \\ a_2 & a_{22} \end{vmatrix} = a_{22} \cdot a_1 - a_{12} \cdot a_2 \\ \\ \Delta_y = \begin{vmatrix} a_{11} & a_1 \\ a_{21} & a_2 \end{vmatrix} = a_{11} \cdot a_2 - a_{21} \cdot a_1 \\ \\ R_{12}^x = \dfrac{\Delta_x}{\Delta} = \dfrac{a_{22} \cdot a_1 - a_{12} \cdot a_2}{a_{11} \cdot a_{22} - a_{12} \cdot a_{21}}; \\ \\ R_{12}^y = \dfrac{\Delta_y}{\Delta} = \dfrac{a_{11} \cdot a_2 - a_{21} \cdot a_1}{a_{11} \cdot a_{22} - a_{12} \cdot a_{21}} \end{cases} \quad (6)$$

$$R_B \equiv R_{12} = \sqrt{(R_{12}^x)^2 + (R_{12}^y)^2} \quad (7)$$

CAP. XI ECHILIBRAREA STATICĂ TOTALĂ A MECANISMULUI PATRULATER ARTICULAT

1. Considerații teoretice

Pentru echilibrarea statică totală a mecanismului patrulater articulat prin metoda I, clasică (fig. 1), este necesar ca centrul de masă (de greutate) al mecanismului să fie adus într-un punct fix, indiferent de poziția pe care o ocupă mecanismul, pe parcursul întregului ciclu cinematic al acestuia.

Practic se aduce centrul de masă al întregului mecanism într-un punct fix, situat undeva pe axa A_0B_0. Se consideră masele elementelor 1, 2 și 3 (m_1, m_2, m_3) concentrate în centrele de masă (de greutate) ale acestor elemente (G_1, G_2, G_3). Pentru început se distribuie pe rând, fiecare din cele trei mase concentrate, în articulațiile corespunzătoare ale barelor respective; adică masa m_1 se distribuie în articulațiile A_0 și A, masa m_2 se distribuie în articulațiile A și B, iar masa m_3 se distribuie în articulațiile B și B_0. Masele din articulațiile fixe A_0 respectiv B_0 vor fi egale acum cu masele distribuite $m_{A0}=m_{1A0}$ respectiv $m_{B0}=m_{3B0}$.

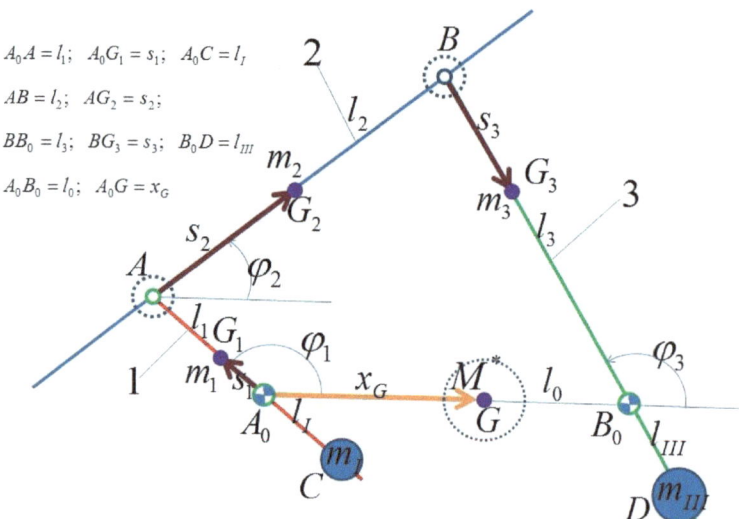

Fig. 1. Echilibrarea statică a mec. patrulater articulat – Metoda I

În articulațiile mobile A și B vom avea mase însumate din cele distribuite de pe câte două elemente, astfel: $m_A=m_{1A}+m_{2A}$ și $m_B=m_{2B}+m_{3B}$.

Masele aduse deja în articulațiile fixe A_0 și B_0 sunt gata echilibrate, în vreme ce masele concentrate acum în articulațiile mobile A și B necesită o nouă deplasare către articulațiile fixe A_0 respectiv B_0. În acest scop au fost prelungite elementele 1 și 3 iar undeva pe aceste prelungiri se montează masele de echilibrare m_I respectiv m_{III}, la distanțele l_I respectiv l_{III}, astfel încât masele m_A respectiv m_B să fie aduse în articulațiile fixe A_0 respectiv B_0; practic, trebuie ca suma momentelor greutăților G_A și G_I față de articulația fixă A_0 să fie egală cu zero, iar suma momentelor greutăților G_B și G_{III} față de articulația fixă B_0 să fie egală cu zero deasemenea. Acum masele din A respectiv B au fost aduse în A_0 respectiv B_0 dar cu ajutorul maselor suplimentare m_I respectiv m_{III} care s-au deplasat și ele în articulațiile fixe respective; masele din A_0 și B_0 se recalculează acum astfel: $m_{A0}{}^*=m_{1A0}+m_A+m_I$ și $m_{B0}{}^*=m_{3B0}+m_B+m_{III}$. Se poate stabili în continuare poziția fixă a centrului de masă al mecanismului, care se va situa pe axa A_0B_0 la distanța x_G față de articulația fixă A_0.

2. Materiale și instrumente necesare

Macheta mecanismului patrulater articulat, calculator, instrumente pentru desen (riglă 300 mm), mase pentru echilibrare (contragreutăți), balanță și tijă (suport prismatic) pentru determinarea centrelor de masă ale elementelor.

3. Modul de lucru și relațiile de calcul

Cele trei mase concentrate se repartizează în articulații:

$$m_1 \begin{cases} m_{1A0} = \dfrac{l_1 - s_1}{l_1} m_1 \\ m_{1A} = \dfrac{s_1}{l_1} m_1 \end{cases} \qquad m_2 \begin{cases} m_{2A} = \dfrac{l_2 - s_2}{l_2} m_2 \\ m_{2B} = \dfrac{s_2}{l_2} m_2 \end{cases}$$

$$m_3 \begin{cases} m_{3B} = \dfrac{l_3 - s_3}{l_3} m_3 \\ m_{3B0} = \dfrac{s_3}{l_3} m_3 \end{cases} \qquad (1)$$

Se calculează masele teoretice din cuplele (articulațiile) mobile A respectiv B:

$$m_A = m_{1A} + m_{2A} \quad \text{și} \quad m_B = m_{2B} + m_{3B}, \qquad (2)$$

care trebuiesc aduse în articulațiile fixe.

Metoda I: Se aduce m_A în A_0 și m_B în B_0 utilizând contragreutățile m_I și m_{III} (alese), montate la distanțele l_I respectiv l_{III} rezultate din următoarele relații de calcul:

$$l_I = l_1 \cdot \frac{m_A}{m_I} \qquad l_{III} = l_3 \cdot \frac{m_B}{m_{III}} \qquad (3)$$

Masele teoretice din articulațiile fixe, după echilibrare, vor fi:

$$m^*_{A0} = m_{1A0} + m_A + m_I \qquad m^*_{B0} = m_{3B0} + m_B + m_{III} \qquad (4)$$

Se calculează parametrul x_G (măsurat pe axa A_0B_0, din punctul A_0), care ne poziționează centrul de greutate al mecanismului articulat, după echilibrare:

$$(m^*_{A0} + m^*_{B0}) \cdot x_G = m^*_{B0} \cdot l_0, \qquad x_G = \frac{m^*_{B0}}{m^*_{A0} + m^*_{B0}} l_0 \qquad (5)$$

Metoda II: Se aduce m_B în A (fig. 2), folosind masa m_{II} (aleasă), montată la distanța:

$$l_{II} = l_2 \frac{m_B}{m_{II}} \qquad (6)$$

Se calculează noua masă din A:

$$m'_A = m_A + m_B + m_{II} \qquad (7)$$

care se aduce în A_0 prin procedeul clasic de la metoda I; se alege m'_I și rezultă l'_I:

$$l'_I = l_1 \frac{m'_A}{m'_I} \tag{8}$$

Masele teoretice concentrate în articulațiile fixe, după echilibrare, vor fi:

$$m'_{A0} = m'_A + m'_{1A0} + m'_I \qquad m'_{B0} = m'_{3B0} \tag{9}$$

Putem calcula acum și coordonata x'_G a centrului de greutate al întregului mecanism după echilibrarea prin varianta a II-a:

$$x'_G = \frac{m'_{B0}}{m'_{A0} + m'_{B0}} l_0 \tag{10}$$

Se compară

$$M^* = m^*_{A0} + m^*_{B0} \qquad \text{cu} \qquad M' = m'_{A0} + m'_{B0} \tag{11}$$

și $\quad x_G \quad$ cu $\quad x'_G$.

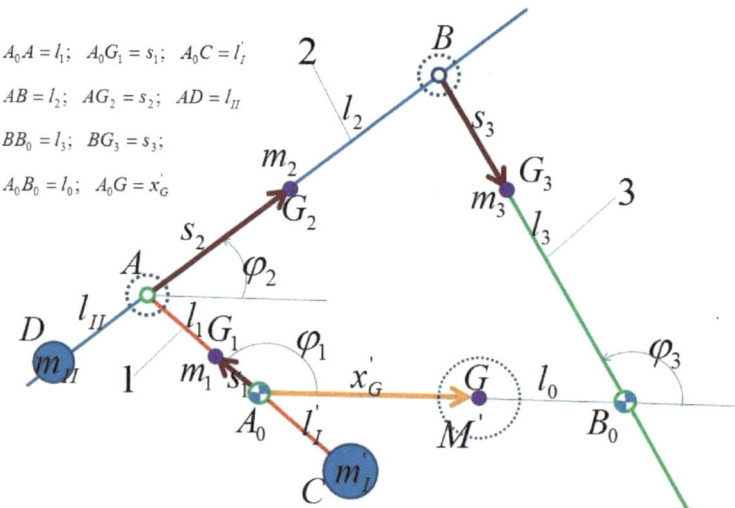

Fig. 1. *Echilibrarea statică a mec. patrulater articulat – Metoda II*

Modul de lucru efectiv: Se desface mecanismul, se cântăresc masele m₁, m₂, m₃ (cu șaibele din articulații montate), se măsoară l₁, l₂, l₃, l₀, s₁, s₂, s₃ (s-urile numai după determinarea centrelor de greutate pe prismă). Se remontează mecanismul, se efectuează calculele aferente, după care se montează masele alese m₁ respectiv mₗₗₗ la distanțele rezultate prin calcule, lᵢ respectiv lₗₗₗ. Mecanismul rezultat trebuie să fie echilibrat static total. Se face verificarea, prin așezarea manivelei în diferite poziții succesive, mecanismul trebuind să fie stabil pentru fiecare poziție (unghiul φ₁ ia valori în intervalul 0-360 [°]). Se continuă calculele și se face echilibrarea prin varianta a II-a; se compară masele finale obținute prin cele două variante (relația (11)).

CAP. XII DETERMINAREA MOMENTULUI DE INERȚIE MECANIC (MASIC, AL ÎNTREGULUI MECANISM) REDUS LA MANIVELĂ, LA MECANISMUL PATRULATER ARTICULAT

Momentul de inerție mecanic sau masic al unui mecanism poate fi redus la manivela 1 (elementul conducător), astfel încât studiul dinamic al întregului mecanism să poată fi urmărit doar pe un singur element (elementul 1 conducător; vezi figura 1).

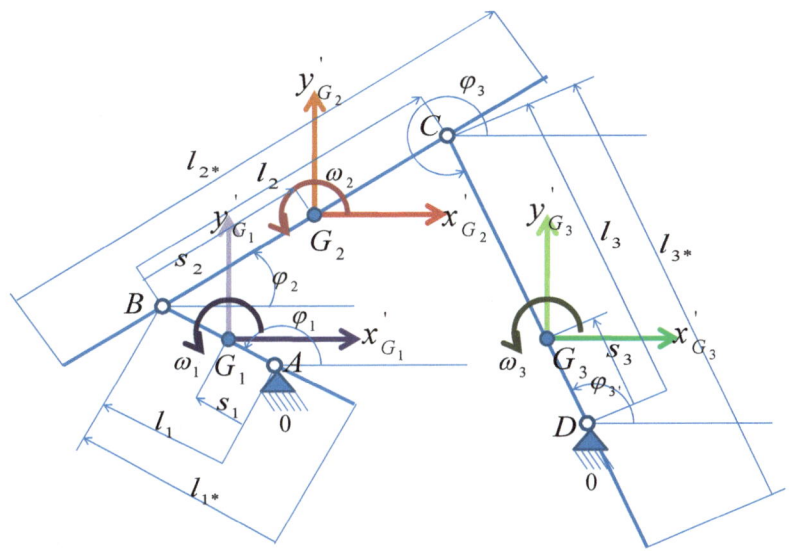

Fig. 1. *Determinarea momentului de inerție masic (mecanic) redus la manivelă, la mecanismul patrulater articulat (plan)*

În figura 1, a fost reprezentat mecanismul patrulater plan încărcat cu vitezele unghiulare ale celor trei elemente mobile, și cu vitezele liniare reduse ale centrelor de greutate (de masă) proiectate pe axele scalare x și y, pentru fiecare din cele trei elemente mobile ale mecanismului.

Modul de lucru:

Se dă (se impune) poziția manivelei 1 (AB), prin valoarea unghiului φ_1.

Se demontează mecanismul și se determină valorile: m_1, m_2, m_3 (în [kg], prin cântărire), l_1, l_2, l_3, l_{1*}, l_{2*}, l_{3*}, s_1, s_2, s_3, x_D, y_D (în [m], se măsoară cu o riglă).

Se determină momentele de inerție mecanice sau masice ale fiecărui element mobil în parte, cu ajutorul relațiilor (1).

$$\begin{cases} J_{G_1} = \dfrac{1}{12} \cdot m_1 \cdot l_{1*}^2 \ [kg \cdot m^2]; \quad J_{G_2} = \dfrac{1}{12} \cdot m_2 \cdot l_{2*}^2 \ [kg \cdot m^2]; \\ J_{G_3} = \dfrac{1}{12} \cdot m_3 \cdot l_{3*}^2 \ [kg \cdot m^2] \end{cases} \quad (1)$$

Se determină inițial unghiurile de poziție ale celor două elemente ale diadei 3R cu ajutorul relațiilor date de sistemul (2).

$$\begin{cases} x_B = l_1 \cdot \cos \varphi_1; \quad y_B = l_1 \cdot \sin \varphi_1; \\ l^2 = (x_B - x_D)^2 + (y_B - y_D)^2; \quad l = \sqrt{(x_B - x_D)^2 + (y_B - y_D)^2} \\ \cos B = \dfrac{l^2 + l_2^2 - l_3^2}{2 \cdot l \cdot l_2} \Rightarrow B = \arccos(\cos B); \\ \cos D = \dfrac{l^2 + l_3^2 - l_2^2}{2 \cdot l \cdot l_3} \Rightarrow D = \arccos(\cos D) \\ \begin{cases} \cos \varphi = \dfrac{x_D - x_B}{l} \\ \sin \varphi = \dfrac{y_D - y_B}{l} \end{cases} \Rightarrow \varphi = sign(\sin \varphi) \cdot \arccos(\cos \varphi); \\ \Rightarrow \begin{cases} \varphi_2 = \varphi + B \\ \varphi_3 = \varphi - D \end{cases} \Rightarrow \varphi_{3'} = \varphi_3 + \pi \end{cases} \quad (2)$$

Se calculează în final momentul de inerție mecanic (masic) al întregului mecanism (patrulater articulat) redus la manivela 1 (redus la elementul conducător), cu ultima relație dată de sistemul (3), sau cu relația (4).

$$\begin{cases}
\begin{cases} x_{G_1} = s_1 \cos\varphi_1 \\ y_{G_1} = s_1 \sin\varphi_1 \end{cases}
\begin{cases} x'_{G_1} = -s_1 \sin\varphi_1 \\ y'_{G_1} = s_1 \cos\varphi_1 \end{cases}
\begin{cases} x'^2_{G_1} = s_1^2 \sin^2\varphi_1 \\ y'^2_{G_1} = s_1^2 \cos^2\varphi_1 \end{cases}
\quad x'^2_{G_1} + y'^2_{G_1} = s_1^2 \\[6pt]
\begin{cases} x_{G_2} = l_1 \cdot \cos\varphi_1 + s_2 \cdot \cos\varphi_2 \\ y_{G_2} = l_1 \cdot \sin\varphi_1 + s_2 \cdot \sin\varphi_2 \end{cases}
\begin{cases} x'_{G_2} = -l_1 \cdot \sin\varphi_1 - s_2 \cdot \sin\varphi_2 \cdot \varphi'_2 \\ y'_{G_2} = l_1 \cdot \cos\varphi_1 + s_2 \cdot \cos\varphi_2 \cdot \varphi'_2 \end{cases} \\[6pt]
\Rightarrow x'^2_{G_2} + y'^2_{G_2} = l_1^2 + s_2^2 \cdot \varphi'^2_2 + 2 \cdot l_1 \cdot s_2 \cdot \varphi'_2 \cdot \cos(\varphi_1 - \varphi_2) \\[6pt]
\begin{cases} x_{G_3} = x_D + s_3 \cdot \cos\varphi_3 \\ y_{G_3} = y_D + s_3 \cdot \sin\varphi_3 \end{cases}
\begin{cases} x'_{G_3} = -s_3 \cdot \sin\varphi_3 \cdot \varphi'_3 \\ y'_{G_3} = s_3 \cdot \cos\varphi_3 \cdot \varphi'_3 \end{cases}
\quad x'^2_{G_3} + y'^2_{G_3} = s_3^2 \cdot \varphi'^2_3 \\[6pt]
\varphi'_2 = \dfrac{\omega_2}{\omega_1} = \dfrac{l_1 \cdot \sin(\varphi_1 - \varphi_3)}{l_2 \cdot \sin(\varphi_3 - \varphi_2)}; \quad \varphi'_3 = \dfrac{\omega_3}{\omega_1} = \dfrac{l_1 \cdot \sin(\varphi_1 - \varphi_2)}{l_3 \cdot \sin(\varphi_2 - \varphi_3)} \\[6pt]
J^* = J_{G_1} + m_1 \cdot (x'^2_{G_1} + y'^2_{G_1}) + J_{G_2} \cdot \varphi'^2_2 + m_2 \cdot (x'^2_{G_2} + y'^2_{G_2}) + \\
+ J_{G_3} \cdot \varphi'^2_3 + m_3 \cdot (x'^2_{G_3} + y'^2_{G_3}) = J_{G_1} + m_1 \cdot s_1^2 + J_{G_2} \cdot \varphi'^2_2 + m_2 \cdot \\
\cdot [l_1^2 + s_2^2 \varphi'^2_2 + 2 l_1 s_2 \varphi'_2 \cos(\varphi_1 - \varphi_2)] + J_{G_3} \cdot \varphi'^2_3 + m_3 \cdot s_3^2 \cdot \varphi'^2_3 \\[6pt]
J^* = J_{G_1} + m_1 \cdot s_1^2 + m_2 \cdot l_1^2 + 2 \cdot l_1 \cdot s_2 \cdot m_2 \cdot \cos(\varphi_1 - \varphi_2) \cdot \varphi'_2 + \\
+ (J_{G_2} + m_2 \cdot s_2^2) \cdot \varphi'^2_2 + (J_{G_3} + m_3 \cdot s_3^2) \cdot \varphi'^2_3 \\[6pt]
J^* = J_{G_1} + m_1 \cdot s_1^2 + m_2 \cdot l_1^2 + 2 \cdot m_2 \cdot \dfrac{l_1^2}{l_2} \cdot s_2 \cdot \cos(\varphi_1 - \varphi_2) \cdot \\
\cdot \dfrac{\sin(\varphi_1 - \varphi_3)}{\sin(\varphi_3 - \varphi_2)} + (J_{G_2} + m_2 \cdot s_2^2) \cdot \dfrac{l_1^2}{l_2^2} \cdot \dfrac{\sin^2(\varphi_1 - \varphi_3)}{\sin^2(\varphi_3 - \varphi_2)} + \\
+ (J_{G_3} + m_3 \cdot s_3^2) \cdot \dfrac{l_1^2}{l_3^2} \cdot \dfrac{\sin^2(\varphi_1 - \varphi_2)}{\sin^2(\varphi_2 - \varphi_3)} \\[6pt]
J^* = J_{G_1} + m_1 \cdot s_1^2 + m_2 \cdot l_1^2 + 2 \cdot m_2 \cdot \dfrac{l_1^2}{l_2} \cdot s_2 \cdot \cos(\varphi_1 - \varphi_2) \cdot \\
\cdot \dfrac{\sin(\varphi_1 - \varphi_3)}{\sin(\varphi_3 - \varphi_2)} + (J_{G_2} + m_2 \cdot s_2^2) \cdot \left(\dfrac{l_1}{l_2}\right)^2 \cdot \dfrac{\sin^2(\varphi_1 - \varphi_3)}{\sin^2(\varphi_3 - \varphi_2)} + \\
+ (J_{G_3} + m_3 \cdot s_3^2) \cdot \left(\dfrac{l_1}{l_3}\right)^2 \cdot \dfrac{\sin^2(\varphi_1 - \varphi_2)}{\sin^2(\varphi_3 - \varphi_2)}
\end{cases} \quad (3)$$

$$\begin{cases}
J^* = J_{G_1} + m_1 \cdot s_1^2 + m_2 \cdot l_1^2 + 2 \cdot m_2 \cdot \dfrac{l_1^2}{l_2} \cdot s_2 \cdot \cos(\varphi_1 - \varphi_2) \cdot \dfrac{\sin(\varphi_1 - \varphi_3)}{\sin(\varphi_3 - \varphi_2)} + \\
+ (J_{G_2} + m_2 \cdot s_2^2) \cdot \left(\dfrac{l_1}{l_2}\right)^2 \cdot \dfrac{\sin^2(\varphi_1 - \varphi_3)}{\sin^2(\varphi_3 - \varphi_2)} + (J_{G_3} + m_3 \cdot s_3^2) \cdot \left(\dfrac{l_1}{l_3}\right)^2 \cdot \dfrac{\sin^2(\varphi_1 - \varphi_2)}{\sin^2(\varphi_3 - \varphi_2)}
\end{cases} \quad (4)$$

CAP. XIII MECANISMUL CARE ARE ÎN COMPONENȚĂ O CULISĂ OSCILANTĂ

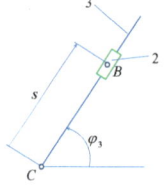

CINEMATICA DIADEI RTR

Diada de aspectul al treilea RTR, se utilizează în general la mecanismele cu culisă oscilantă. Schema cinematică a unei diade de aspectul III poate fi urmărită în figura 1. Se cunosc parametrii cuplelor C și B și trebuiesc determinați parametrii cinematici s și φ_3, cu derivatele lor, fapt ce se realizează cu ajutorul relațiilor de calcul aparținând sistemului (1).

Fig. 1. *Schema cinematică a diadei RTR*

$$\begin{cases} s^2 = (x_B - x_C)^2 + (y_B - y_C)^2 \Rightarrow s = \sqrt{(x_B - x_C)^2 + (y_B - y_C)^2} \\ \begin{cases} x_B = x_C + s \cdot \cos \varphi_3 \\ y_B = y_C + s \cdot \sin \varphi_3 \end{cases} \begin{cases} \cos \varphi_3 = \dfrac{x_B - x_C}{s} \\ \sin \varphi_3 = \dfrac{y_B - y_C}{s} \end{cases} \Rightarrow \varphi_3 = semn(\sin \varphi_3) \cdot \cos^{-1}(\cos \varphi_3) \\ 2 \cdot s \cdot \dot{s} = 2 \cdot (x_B - x_C) \cdot (\dot{x}_B - \dot{x}_C) + 2 \cdot (y_B - y_C) \cdot (\dot{y}_B - \dot{y}_C) \Rightarrow \\ \dot{s} = \dfrac{(x_B - x_C) \cdot (\dot{x}_B - \dot{x}_C) + (y_B - y_C) \cdot (\dot{y}_B - \dot{y}_C)}{s} \\ \ddot{s} = \dfrac{(\dot{x}_B - \dot{x}_C)^2 + (\dot{y}_B - \dot{y}_C)^2 - \dot{s}^2}{s} + \dfrac{(x_B - x_C) \cdot (\ddot{x}_B - \ddot{x}_C) + (y_B - y_C) \cdot (\ddot{y}_B - \ddot{y}_C)}{s} \\ \begin{cases} \dot{x}_B - \dot{x}_C = \dot{s} \cdot \cos \varphi_3 - s \cdot \sin \varphi_3 \cdot \dot{\varphi}_3 \,|\, (-\sin \varphi_3) \\ \dot{y}_B - \dot{y}_C = \dot{s} \cdot \sin \varphi_3 + s \cdot \cos \varphi_3 \cdot \dot{\varphi}_3 \,|\, (\cos \varphi_3) \end{cases} \Rightarrow \dot{\varphi}_3 = \dfrac{(\dot{y}_B - \dot{y}_C) \cdot \cos \varphi_3 - (\dot{x}_B - \dot{x}_C) \cdot \sin \varphi_3}{s} \\ \begin{cases} \ddot{x}_B - \ddot{x}_C = \ddot{s} \cdot \cos \varphi_3 - 2 \cdot \dot{s} \cdot \sin \varphi_3 \cdot \dot{\varphi}_3 - \\ \quad - s \cdot \cos \varphi_3 \cdot \dot{\varphi}_3^2 - s \cdot \sin \varphi_3 \cdot \ddot{\varphi}_3 \,|\, (-\sin \varphi_3) \\ \ddot{y}_B - \ddot{y}_C = \ddot{s} \cdot \sin \varphi_3 + 2 \cdot \dot{s} \cdot \cos \varphi_3 \cdot \dot{\varphi}_3 - \\ \quad - s \cdot \sin \varphi_3 \cdot \dot{\varphi}_3^2 + s \cdot \cos \varphi_3 \cdot \ddot{\varphi}_3 \,|\, (\cos \varphi_3) \end{cases} \Rightarrow \ddot{\varphi}_3 = \dfrac{(\ddot{y}_B - \ddot{y}_C) \cdot \cos \varphi_3 - (\ddot{x}_B - \ddot{x}_C) \cdot \sin \varphi_3 - 2 \cdot \dot{s} \cdot \dot{\varphi}_3}{s} \end{cases} \quad (1)$$

CINETOSTATICA DIADEI RTR

Cinetostatica diadei de aspectul al treilea RTR, poate fi urmărită în figura 2, iar calculele în sistemul relațional (2).

Fig. 2. *Cinetostatica diadei RTR*

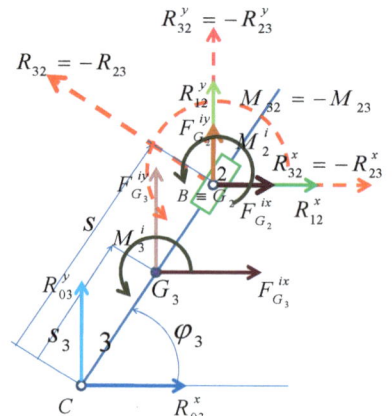

$$\begin{cases}
\begin{cases} x_{G_3} = x_C + s_3 \cdot \cos\varphi_3 \\ y_{G_3} = y_C + s_3 \cdot \sin\varphi_3 \end{cases}
\begin{cases} \dot{x}_{G_3} = \dot{x}_C - s_3 \cdot \sin\varphi_3 \cdot \dot\varphi_3 \\ \dot{y}_{G_3} = \dot{y}_C + s_3 \cdot \cos\varphi_3 \cdot \dot\varphi_3 \end{cases} \Rightarrow \\
\Rightarrow \begin{cases} \ddot{x}_{G_3} = \ddot{x}_C - s_3 \cdot \cos\varphi_3 \cdot \dot\varphi_3^2 - s_3 \cdot \sin\varphi_3 \cdot \ddot\varphi_3 \\ \ddot{y}_{G_3} = \ddot{y}_C - s_3 \cdot \sin\varphi_3 \cdot \dot\varphi_3^2 + s_3 \cdot \cos\varphi_3 \cdot \ddot\varphi_3 \end{cases} \\
\begin{cases} F_{G_3}^{ix} = -m_3 \cdot \ddot{x}_{G_3} \\ F_{G_3}^{iy} = -m_3 \cdot \ddot{y}_{G_3} \\ M_3^i = -J_{G_3} \cdot \ddot\varphi_3 \end{cases}
\begin{cases} F_{G_2}^{ix} = -m_2 \cdot \ddot{x}_{G_2} = -m_2 \cdot \ddot{x}_B \\ F_{G_2}^{iy} = -m_2 \cdot \ddot{y}_{G_2} = -m_2 \cdot \ddot{y}_B \\ M_2^i = -J_{G_2} \cdot \ddot\varphi_2 = -J_{G_2} \cdot \ddot\varphi_3 \end{cases} \\
\sum M_B^{(2)} = 0 \Rightarrow M_{32} + M_2^i = 0 \Rightarrow M_{32} = -M_2^i \Rightarrow M_{23} = M_2^i \\
\sum M_C^{(3)} = 0 \Rightarrow R_{23} \cdot s + M_{23} + M_3^i - F_{G_3}^{ix} \cdot (y_{G_3} - y_C) + \\
+ F_{G_3}^{iy} \cdot (x_{G_3} - x_C) = 0 \Rightarrow \\
\Rightarrow R_{23} = \dfrac{F_{G_3}^{ix} \cdot (y_{G_3} - y_C) + F_{G_3}^{iy} \cdot (x_C - x_{G_3}) - M_{23} - M_3^i}{s} \\
R_{32} = -R_{23} \Rightarrow \begin{cases} R_{32}^x = R_{32} \cdot \cos\left(\varphi_3 + \dfrac{\pi}{2}\right) = -R_{32} \cdot \sin\varphi_3 \\ R_{32}^y = R_{32} \cdot \sin\left(\varphi_3 + \dfrac{\pi}{2}\right) = R_{32} \cdot \cos\varphi_3 \end{cases} \\
\sum F_x^{(2)} = 0 \Rightarrow R_{12}^x + R_{32}^x + F_{G_2}^{ix} = 0 \Rightarrow R_{12}^x = -R_{32}^x - F_{G_2}^{ix} \\
\sum F_y^{(2)} = 0 \Rightarrow R_{12}^y + R_{32}^y + F_{G_2}^{iy} = 0 \Rightarrow R_{12}^y = -R_{32}^y - F_{G_2}^{iy} \\
\Rightarrow R_{12} = \sqrt{(R_{12}^x)^2 + (R_{12}^y)^2} \\
\sum F_x^{(3)} = 0 \Rightarrow R_{03}^x + F_{G_3}^{ix} + R_{23}^x = 0 \Rightarrow R_{03}^x = -F_{G_3}^{ix} + R_{32}^x \\
\sum F_y^{(3)} = 0 \Rightarrow R_{03}^y + F_{G_3}^{iy} + R_{23}^y = 0 \Rightarrow R_{03}^y = -F_{G_3}^{iy} + R_{32}^y \\
\Rightarrow R_{03} = \sqrt{(R_{03}^x)^2 + (R_{03}^y)^2}
\end{cases} \quad (2)$$

CAP. XIV MECANISMUL ÎN CRUCE

CINEMATICA DIADEI RTT

Diada de aspectul cinci RTT, se utilizează în general la mecanismele în cruce. Schema cinematică a unei diade de aspectul V poate fi urmărită în figura 1.

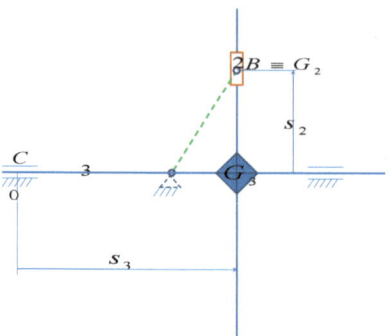

Fig. 1. *Schema cinematică a diadei RTT (2,3) de aspectul al V-lea*

Diada de aspectul cinci RTT (din figura 1) formată din elementele 2 și 3, are doar o cuplă de intrare de rotație B, și două cuple de translație, una interioară B*, și alta exterioară de intrare C, care chiar dacă este materializată prin două cuple simetrice constructive (ce au rolul de susținere și de imprimare a unei dinamici corecte diadei RTT) reprezintă cinematic doar o singură cuplă deoarece realizează legătura numai între elementele 0 și 3.

Crucea (elementul 3) se deplasează în dreapta sau în stânga pe suporții cuplei C, fiind practic antrenată de patina (pistonul) 2, care culisează la rândul ei (lui) pe axa verticală a crucii, primind mișcarea de la un element motor prin intermediul cuplei de rotație B.

Pe diadă, toți parametrii cinematici ai cuplelor de intrare B și C sunt cunoscuți, și trebuiesc determinați parametrii poziționali s_2 și s_3 cu derivatele lor, conform relațiilor date de sistemul (1).

Pentru o diadă RTT generală rezolvarea este simplă și directă conform relațiilor (1), iar în plus pentru diada RTT utilizată la mecanismul în cruce vitezele și accelerațiile punctului fix C sunt nule relațiile simplificându-se mult conform sistemului (2).

$$\begin{cases} \begin{cases} x_B = x_C + s_3 \\ y_B = y_C + s_2 \end{cases} \Rightarrow \begin{cases} s_3 = x_B - x_C \\ s_2 = y_B - y_C \end{cases} \Rightarrow \\ \Rightarrow \begin{cases} \dot{s}_3 = \dot{x}_B - \dot{x}_C \\ \dot{s}_2 = \dot{y}_B - \dot{y}_C \end{cases} \Rightarrow \begin{cases} \ddot{s}_3 = \ddot{x}_B - \ddot{x}_C \\ \ddot{s}_2 = \ddot{y}_B - \ddot{y}_C \end{cases} \end{cases} \quad (1)$$

$$\begin{cases} \begin{cases} s_3 = x_B - x_C \\ s_2 = y_B - y_C \end{cases} \Rightarrow \begin{cases} \dot{s}_3 = \dot{x}_B \\ \dot{s}_2 = \dot{y}_B \end{cases} \Rightarrow \begin{cases} \ddot{s}_3 = \ddot{x}_B \\ \ddot{s}_2 = \ddot{y}_B \end{cases} \end{cases} \quad (2)$$

CINETOSTATICA DIADEI RTT

Diada de aspectul cinci RTT, are schema cinetostatică din figura 2. Ecuaţiile cinetostatice se pot urmări în relaţiile date de sistemul (3).

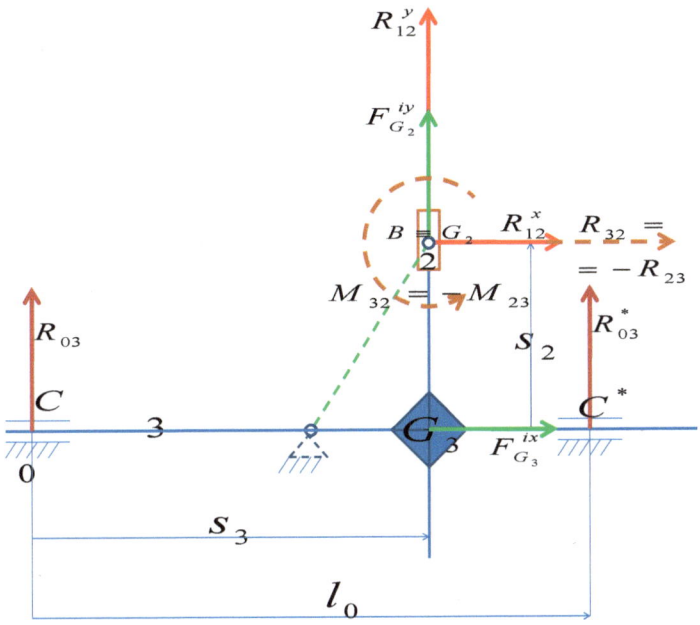

Fig. 2. *Schema cinetostatică a diadei RTT (2,3) de aspectul al V-lea*

$$\begin{cases} \sum M_B^{(2)} = 0 \Rightarrow M_{32} = 0 \\ \sum F_y^{(2)} = 0 \Rightarrow R_{12}^y + F_{G_2}^{iy} = 0 \Rightarrow R_{12}^y = -F_{G_2}^{iy} \\ \sum F_x^{(2,3)} = 0 \Rightarrow R_{12}^x + F_{G_3}^{ix} = 0 \Rightarrow R_{12}^x = -F_{G_3}^{ix} \\ \sum F_x^{(2)} = 0 \Rightarrow R_{32} + R_{12}^x = 0 \Rightarrow R_{32} = -R_{12}^x = F_{G_3}^{ix} \\ \begin{cases} \sum F_y^{(3)} = 0 \Rightarrow R_{03} + R_{03}^* = 0 \Rightarrow R_{03}^* = -R_{03} \\ \sum M_B^{(3)} = 0 \Rightarrow -R_{03} \cdot s_3 + R_{03}^* \cdot (l_0 - s_3) + F_{G_3}^{ix} \cdot s_2 = 0 \Rightarrow \\ \Rightarrow R_{03} = \frac{s_2}{l_0} \cdot F_{G_3}^{ix} \end{cases} \end{cases} \qquad (3)$$

DISTRIBUȚIA FORȚELOR LA MECANISMUL ÎN CRUCE (ELEMENTUL CONDUCĂTOR 1+DIADA RTT)

Distribuția forțelor la diada de aspectul cinci RTT, poate fi urmărită în cadrul figurii 3 pentru ciclul compresor, și în figura 4 pentru ciclul motor.

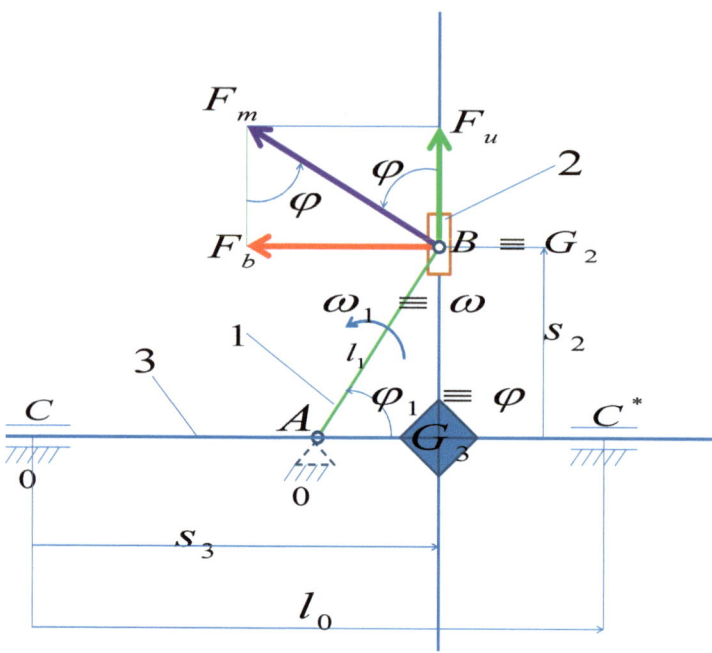

Fig. 3. *Distribuția forțelor la mecanismul în cruce, pentru ciclul compresor*

Relațiile de calcul pentru cazul în care mecanismul lucrează în regim de compresor sunt date de sistemul (4).

$$\begin{cases} \begin{cases} F_u = F_m \cdot \cos\varphi \\ F_b = F_m \cdot \sin\varphi \end{cases} \begin{cases} \dot{s}_2 = \dot{y}_B - \dot{y}_C = \dot{y}_B = l_1 \cdot \omega \cdot \cos\varphi = v_B \cdot \cos\varphi \\ v_m = v_B = l_1 \cdot \omega \end{cases} \\ \eta_i^C = \dfrac{P_u}{P_c} = \dfrac{F_u \cdot \dot{s}_2}{F_m \cdot v_m} = \dfrac{F_m \cdot \cos\varphi \cdot v_B \cdot \cos\varphi}{F_m \cdot v_B} = \cos^2\varphi \\ \eta_i^{DC} = \dfrac{P_u^D}{P_c} = \dfrac{F_u \cdot v_u}{F_m \cdot v_m} = \dfrac{F_m \cdot \cos\varphi \cdot v_m \cdot \cos\varphi}{F_m \cdot v_m} = \cos^2\varphi = \eta_i^C \\ \begin{cases} \eta_i^{DC} = \eta_i^C = \cos^2\varphi \\ \eta_i^{DC} = D^C \cdot \eta_i^C \end{cases} \Rightarrow D^C = 1 \end{cases} \quad (4)$$

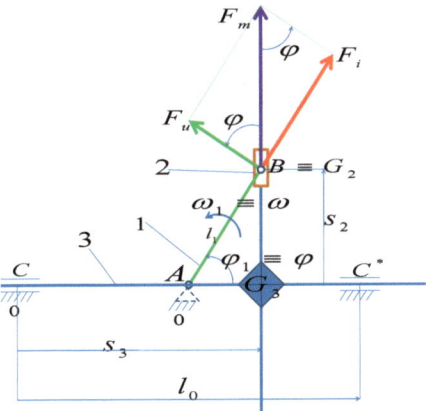

Fig. 4. *Distribuţia forţelor la mecanismul în cruce, pentru ciclul motor*

Relaţiile de calcul pentru cazul în care mecanismul lucrează în regim motor sunt date de sistemul (5).

$$\begin{cases} \begin{cases} F_u = F_m \cdot \cos \varphi \\ F_i = F_m \cdot \sin \varphi \end{cases} \begin{cases} v_m \equiv \dot{s}_2 = \dot{y}_B - \dot{y}_C = \dot{y}_B = \\ = l_1 \cdot \omega \cdot \cos \varphi = v_B \cdot \cos \varphi \\ v_u = v_m \cdot \cos \varphi = v_B \cdot \cos^2 \varphi \end{cases} \\ \eta_i^M = \dfrac{P_u}{P_c} = \dfrac{F_u \cdot v_B}{F_m \cdot \dot{s}_2} = \dfrac{F_m \cdot \cos \varphi \cdot v_B}{F_m \cdot v_B \cdot \cos \varphi} = 1 \\ \eta_i^{DM} = \dfrac{P_u^D}{P_c} = \dfrac{F_u \cdot v_u}{F_m \cdot v_m} = \dfrac{F_m \cdot \cos \varphi \cdot v_m \cdot \cos \varphi}{F_m \cdot v_m} = \cos^2 \varphi = \\ \begin{cases} \eta_i^{DM} = D^M \cdot \eta_i^M = \cos^2 \varphi \\ \eta_i^M = 1 \end{cases} \Rightarrow D^C = \cos^2 \varphi \end{cases} \qquad (5)$$

Concluzii: *Dacă am utiliza pentru construcţia motoarelor cu ardere internă un mecanism de tip culisă oscilantă, sau un mecanism în cruce, randamentul mecanic instantaneu, cât şi cel final, ar fi mai ridicate decât cele realizate de mecanismul clasic bielă manivelă piston. Randamentul mecanic este mai mare la mecanismul de tip culisă oscilantă, şi sporeşte şi mai mult pentru mecanismul în cruce. La fel se întâmplă şi cu randamentele dinamice (care sunt de fapt cele reale, adică randamentele în funcţionare).*

Pe lângă faptul că randamentele mecanic şi dinamic sunt mai ridicate la mecanismul în cruce, în plus şi dinamica generală este mult îmbunătăţită la acest mecanism şi datorită faptului că el are mai puţine mişcări de rotaţie sau rototranslaţie, şi chiar momentul de inerţie mecanic (masic) redus la manivelă are o expresie mult simplificată (vezi relaţia 6; s-a considerat manivela de tip arbore, adică elementul 1 este deja echilibrat, G_1=A).

$$J^* = J_{G_1} + m_2 \cdot s_2^{'2} + m_3 \cdot s_3^{'2} = J_{G_1} + m_2 \cdot l_1^2 \cdot \cos^2 \varphi + \\ + m_3 \cdot l_1^2 \cdot \sin^2 \varphi = J_{G_1} + l_1^2 \cdot \left(m_2 \cdot \cos^2 \varphi + m_3 \cdot \sin^2 \varphi \right) \qquad (6)$$

$$\text{pentru} \quad m_2 = m_3 = m \Rightarrow J^* = J_{G_1} + m \cdot l_1^2$$

CAP. XV MECANISMUL UNEI PRESE

CINEMATICA MECANISMULUI

Schema cinematică a mecanismului unei prese este dată în figura 1.

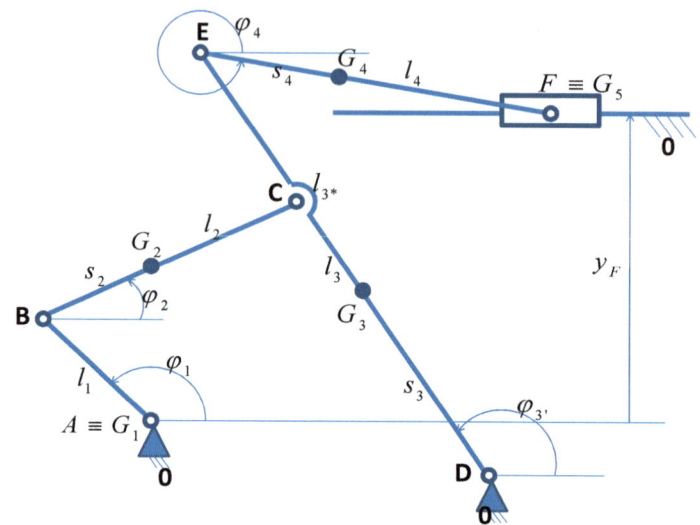

Fig. 1. *Schema cinematică a mecanismului unei prese*

Relațiile de calcul cinematic pot fi urmărite în sistemele (1-2).

$$\begin{cases} \begin{cases} x_B = l_1 \cdot \cos \varphi_1 \\ y_B = l_1 \cdot \sin \varphi_1 \end{cases} \begin{cases} \dot{x}_B = -l_1 \cdot \sin \varphi_1 \cdot \omega_1 \\ \dot{y}_B = l_1 \cdot \cos \varphi_1 \cdot \omega_1 \end{cases} \begin{cases} \ddot{x}_B = -l_1 \cdot \cos \varphi_1 \cdot \omega_1^2 \\ \ddot{y}_B = -l_1 \cdot \sin \varphi_1 \cdot \omega_1^2 \end{cases} \\ l^2 = (x_D - x_B)^2 + (y_D - y_B)^2 \Rightarrow l = \sqrt{(x_D - x_B)^2 + (y_D - y_B)^2} \\ \cos B = \dfrac{l^2 + l_2^2 - l_3^2}{2 \cdot l \cdot l_2} \Rightarrow B = \arccos \left(\dfrac{l^2 + l_2^2 - l_3^2}{2 \cdot l \cdot l_2} \right); \quad \cos D = \dfrac{l^2 + l_3^2 - l_2^2}{2 \cdot l \cdot l_3} \Rightarrow D = \arccos \left(\dfrac{l^2 + l_3^2 - l_2^2}{2 \cdot l \cdot l_3} \right) \\ \begin{cases} \cos \varphi = \dfrac{x_D - x_B}{l} \\ \sin \varphi = \dfrac{y_D - y_B}{l} \end{cases} \Rightarrow \varphi = \text{sign}\left(\dfrac{y_D - y_B}{l} \right) \cdot \arccos \left(\dfrac{x_D - x_B}{l} \right); \\ \Rightarrow \begin{cases} \varphi_2 = \varphi + B \\ \varphi_3 = \varphi - D \Rightarrow \varphi_{3'} = \varphi_3 + \pi \end{cases} \begin{cases} x_C = x_D + l_3 \cdot \cos \varphi_{3'} \\ y_C = y_D + l_3 \cdot \sin \varphi_{3'} \end{cases} \begin{cases} \dot{x}_C = -l_3 \cdot \sin \varphi_{3'} \cdot \dot{\varphi}_3 \\ \dot{y}_C = l_3 \cdot \cos \varphi_{3'} \cdot \dot{\varphi}_3 \end{cases} \begin{cases} \ddot{x}_C = -l_3 \cdot \cos \varphi_{3'} \cdot \dot{\varphi}_3^2 - l_3 \cdot \sin \varphi_{3'} \cdot \ddot{\varphi}_3 \\ \ddot{y}_C = -l_3 \cdot \sin \varphi_{3'} \cdot \dot{\varphi}_3^2 + l_3 \cdot \cos \varphi_{3'} \cdot \ddot{\varphi}_3 \end{cases} \\ \omega_2 = \dfrac{\dot{x}_B \cdot \cos \varphi_3 + \dot{y}_B \cdot \sin \varphi_3}{l_2 \cdot \sin(\varphi_2 - \varphi_3)}; \omega_3 = \dfrac{\dot{x}_B \cdot \cos \varphi_2 + \dot{y}_B \cdot \sin \varphi_2}{l_3 \cdot \sin(\varphi_3 - \varphi_2)} \\ \varepsilon_2 = \dfrac{\ddot{x}_B \cdot \cos \varphi_3 + \ddot{y}_B \cdot \sin \varphi_3 + l_2 \cdot \omega_2 \cdot (\omega_3 - \omega_2) \cdot \cos(\varphi_3 - \varphi_2)}{l_2 \cdot \sin(\varphi_2 - \varphi_3)} + \dfrac{\dot{y}_B \cdot \cos \varphi_3 \cdot \omega_3 - \dot{x}_B \cdot \sin \varphi_3 \cdot \omega_3}{l_2 \cdot \sin(\varphi_2 - \varphi_3)} \\ \varepsilon_3 = \dfrac{\ddot{x}_B \cdot \cos \varphi_2 + \ddot{y}_B \cdot \sin \varphi_2 + l_3 \cdot \omega_3 \cdot (\omega_2 - \omega_3) \cdot \cos(\varphi_2 - \varphi_3)}{l_3 \cdot \sin(\varphi_3 - \varphi_2)} + \dfrac{\dot{y}_B \cdot \cos \varphi_2 \cdot \omega_2 - \dot{x}_B \cdot \sin \varphi_2 \cdot \omega_2}{l_3 \cdot \sin(\varphi_3 - \varphi_2)} \\ \begin{cases} x_{G_2} = x_B + s_2 \cdot \cos \varphi_2 \\ y_{G_2} = y_B + s_2 \cdot \sin \varphi_2 \end{cases} \begin{cases} \dot{x}_{G_2} = \dot{x}_B - s_2 \cdot \sin \varphi_2 \cdot \omega_2 \\ \dot{y}_{G_2} = \dot{y}_B + s_2 \cdot \cos \varphi_2 \cdot \omega_2 \end{cases} \begin{cases} \ddot{x}_{G_2} = \ddot{x}_B - s_2 \cdot \cos \varphi_2 \cdot \omega_2^2 - s_2 \cdot \sin \varphi_2 \cdot \varepsilon_2 \\ \ddot{y}_{G_2} = \ddot{y}_B - s_2 \cdot \sin \varphi_2 \cdot \omega_2^2 + s_2 \cdot \cos \varphi_2 \cdot \varepsilon_2 \end{cases} \end{cases} \quad (1)$$

$$\begin{cases} \begin{cases} x_{G_3} = x_D + s_3 \cdot \cos \varphi_3 \\ y_{G_3} = y_D + s_3 \cdot \sin \varphi_3 \end{cases} \begin{cases} \dot{x}_{G_3} = -s_3 \cdot \sin \varphi_3 \cdot \omega_3 \\ \dot{y}_{G_3} = s_3 \cdot \cos \varphi_3 \cdot \omega_3 \end{cases} \begin{cases} \ddot{x}_{G_3} = -s_3 \cdot \cos \varphi_3 \cdot \omega_3^2 - s_3 \cdot \sin \varphi_3 \cdot \varepsilon_3 \\ \ddot{y}_{G_3} = -s_3 \cdot \sin \varphi_3 \cdot \omega_3^2 + s_3 \cdot \cos \varphi_3 \cdot \varepsilon_3 \end{cases} \\[6pt]
\begin{cases} x_E = x_D + l_{3^*} \cdot \cos \varphi_3 \\ y_E = y_D + l_{3^*} \cdot \sin \varphi_3 \end{cases} \begin{cases} \dot{x}_E = -l_{3^*} \cdot \sin \varphi_3 \cdot \dot{\varphi}_3 \\ \dot{y}_E = l_{3^*} \cdot \cos \varphi_3 \cdot \dot{\varphi}_3 \end{cases} \begin{cases} \ddot{x}_E = -l_{3^*} \cdot \cos \varphi_3 \cdot \dot{\varphi}_3^2 - l_{3^*} \cdot \sin \varphi_3 \cdot \ddot{\varphi}_3 \\ \ddot{y}_E = -l_{3^*} \cdot \sin \varphi_3 \cdot \dot{\varphi}_3^2 + l_{3^*} \cdot \cos \varphi_3 \cdot \ddot{\varphi}_3 \end{cases} \\[6pt]
\begin{cases} x_F = x_E \pm \sqrt{l_4^2 - (y_F - y_E)^2} \\ x_F = x_E + \sqrt{l_4^2 - (y_F - y_E)^2} \\ \varphi_4 = semn\left(\dfrac{y_F - y_E}{l_4}\right) \cdot \arccos\left(\dfrac{x_F - x_E}{l_4}\right) \end{cases} \begin{cases} \cos \varphi_4 = \dfrac{x_F - x_E}{l_4} \\ \sin \varphi_4 = \dfrac{y_F - y_E}{l_4} \end{cases} \\[6pt]
\dot{x}_F = \dot{x}_E + \dfrac{(y_F - y_E) \cdot \dot{y}_E}{(x_F - x_E)} \; ; \quad \ddot{x}_F = \ddot{x}_E + \dfrac{\left[(y_F - y_E)\ddot{y}_E - \dot{y}_E^2\right](x_F - x_E) - (\dot{x}_F - \dot{x}_E)(y_F - y_E)\dot{y}_E}{(x_F - x_E)^2} \\[6pt]
\omega_4 = \dfrac{(\dot{x}_E - \dot{x}_F) \cdot \sin \varphi_4 - \dot{y}_E \cdot \cos \varphi_4}{l_4} \; ; \quad \varepsilon_4 = \dfrac{(\ddot{x}_E - \ddot{x}_F) \cdot \sin \varphi_4 - \ddot{y}_E \cdot \cos \varphi_4}{l_4} \\[6pt]
\begin{cases} x_{G_4} = x_E + s_4 \cdot \cos \varphi_4 \\ y_{G_4} = y_E + s_4 \cdot \sin \varphi_4 \end{cases} \begin{cases} \dot{x}_{G_4} = \dot{x}_E - s_4 \cdot \sin \varphi_4 \cdot \omega_4 \\ \dot{y}_{G_4} = \dot{y}_E + s_4 \cdot \cos \varphi_4 \cdot \omega_4 \end{cases} \begin{cases} \ddot{x}_{G_4} = \ddot{x}_E - s_4 \cdot \cos \varphi_4 \cdot \omega_4^2 - s_4 \cdot \sin \varphi_4 \cdot \varepsilon_4 \\ \ddot{y}_{G_4} = \ddot{y}_E - s_4 \cdot \sin \varphi_4 \cdot \omega_4^2 + s_4 \cdot \cos \varphi_4 \cdot \varepsilon_4 \end{cases} \end{cases} \qquad (2)$$

CAP. XVI
UN MECANISM DE TIP CRUCE DE MALTA (GENEVA DRIVER)

Schema cinematică a unui mecanism cu cruce de malta (cu două începuturi) poate fi urmărită în figura 1, în care se reprezintă totodată și distribuția forțelor pe mecanism.

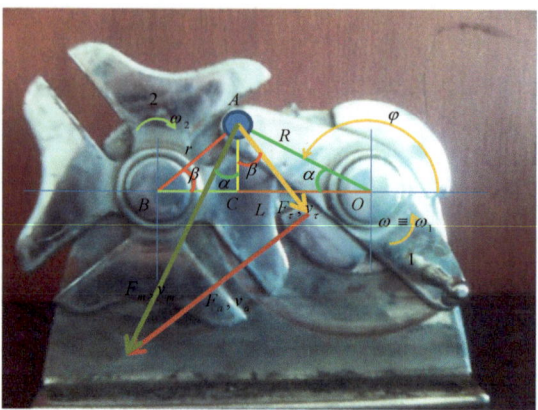

Fig. 1. *Mecanism cu cruce de malta; schema cinematică și distribuția forțelor*

Elementul conducător 1 transmite mișcarea de rotație crucii de malta 2. Forța motoare F_m perpendiculară în A pe manivela 1, OA=R, se divide pe elementul 2 în două componente: O componentă F_t perpendiculară pe manivela crucii AB=r care este o forță activă, utilă, de transmisie de putere, ce produce rotația crucii de malta; și o altă componentă de alunecare, F_a, care reprezintă o pierdere de putere a mecanismului (a cuplei), prin alunecarea relativă a celor două profile corespunzătoare celor două elemente mobile aflate în contact. Elementul doi permite alunecarea bolțului eă lementului 1 conducător pe canalul respectiv. Invers, mișcarea nu este posibilă, deoarece atunci când crucea devine element conducător, forța ei motoare se divide în două componente, mult mai mare fiind componenta care trage de elementul 1 întinzându-l (sau îl comprimă), producând și o apăsare foarte mare între cele două profile care generează o forță de frecare foarte mare ce nu permite componentei foarte mici de rotație să rotească elementul 1. În plus componenta care ar trebui să rotească elementul 1, perpendiculară pe OA în A nu mai este orientată pe direcția canalului AB ci pe o altă direcție astfel încât ea are mai mult un efect de reacțiune împingând înapoi în elementul 2 conducător și producând astfel blocarea mecanismului. Rezultă că mecanismul de tip cruce de malta este ireversibil (se mișcă în ambele sensuri, dar nu poate transmite mișcare decât de la driver la cruce, invers blocându-se); el poate ca și mecanismele de tip melc-roată melcată, sau cele cu clichet, să fie utilizat la mecanismele de direcție, la contoare, la transmisiile de la roboți, etc. Se pot scrie relațiile (1-3).

$$\begin{cases} \begin{cases} F_t = F_m \cdot \cos(\alpha + \beta) \\ v_r = v_m \cdot \cos(\alpha + \beta) \end{cases} \begin{cases} AC = R \cdot \sin \alpha \\ OC = R \cdot \cos \alpha \\ BC = BO - OC = L - R \cdot \cos \alpha \end{cases} \quad \eta_{iD} = \frac{P_u}{P_c} = \frac{F_t \cdot v_r}{F_m \cdot v_m} = \frac{F_m \cdot v_m}{F_m \cdot v_m} \cdot \cos^2(\alpha + \beta) = \cos^2(\alpha + \beta) \quad (1) \\ \omega_2 = \frac{v_2}{r} = \frac{v_r}{AB} = \frac{v_m \cdot \cos(\alpha + \beta)}{\sqrt{R^2 + L^2 - 2 \cdot R \cdot L \cdot \cos \alpha}} = \frac{R \cdot \omega \cdot \cos(\alpha + \beta)}{r} \\ \sin \beta = \frac{R}{r} \cdot \sin \alpha; \quad \cos \beta = \frac{L - R \cdot \cos \alpha}{r} \end{cases}$$

$$\begin{cases}
\cos(\alpha+\beta) = \cos\alpha\cdot\cos\beta - \sin\alpha\cdot\sin\beta = \\
= \cos\alpha\cdot\dfrac{L-R\cdot\cos\alpha}{r} - \sin\alpha\cdot\dfrac{R\cdot\sin\alpha}{r} = \\
= \dfrac{1}{r}\cdot(L\cdot\cos\alpha - R\cdot\cos^2\alpha - R\cdot\sin^2\alpha) = \dfrac{L\cdot\cos\alpha - R}{r} \Rightarrow \\
\Rightarrow \cos(\alpha+\beta) = \dfrac{L\cdot\cos\alpha - R}{r} \\
\cos^2(\alpha+\beta) = \dfrac{(L\cdot\cos\alpha - R)^2}{r^2} = \dfrac{L^2\cdot\cos^2\alpha + R^2 - 2R\cdot L\cdot\cos\alpha}{L^2+R^2-2\cdot R\cdot L\cdot\cos\alpha} \\
\eta_{iD} = \cos^2(\alpha+\beta) = \dfrac{L^2\cdot\cos^2\alpha + R^2 - 2R\cdot L\cdot\cos\alpha}{L^2+R^2-2\cdot R\cdot L\cdot\cos\alpha} \\
\omega_2 = \dfrac{R\cdot\omega\cdot(L\cdot\cos\alpha - R)}{L^2+R^2-2\cdot R\cdot L\cdot\cos\alpha} = \dfrac{R\cdot L\cdot\cos\alpha - R^2}{L^2+R^2-2\cdot R\cdot L\cdot\cos\alpha}\cdot\omega
\end{cases} \quad (2)$$

$$\begin{cases}
\omega_2\cdot(L^2+R^2-2\cdot R\cdot L\cdot\cos\alpha) = R\cdot L\cdot\cos\alpha\cdot\omega - R^2\cdot\omega \\
\varepsilon_2\cdot(L^2+R^2-2\cdot R\cdot L\cdot\cos\alpha) + \omega_2\cdot 2\cdot R\cdot L\cdot\sin\alpha\cdot\dot\alpha = \\
= -R\cdot L\cdot\omega\cdot\sin\alpha\cdot\dot\alpha; \quad \alpha = \pi - \varphi; \quad \dot\alpha = -\omega \Rightarrow -\dot\alpha = \omega \\
\varepsilon_2 = -R\cdot L\cdot\sin\alpha\cdot\dfrac{\omega + 2\cdot\omega_2}{L^2+R^2-2\cdot R\cdot L\cdot\cos\alpha}\cdot\dot\alpha \\
\varepsilon_2 = R\cdot L\cdot\sin\alpha\cdot\dfrac{1+2\cdot\dfrac{R\cdot L\cdot\cos\alpha - R^2}{L^2+R^2-2\cdot R\cdot L\cdot\cos\alpha}}{L^2+R^2-2\cdot R\cdot L\cdot\cos\alpha}\cdot\omega^2 \\
\omega_2 = \dfrac{-R\cdot L\cdot\cos\varphi - R^2}{L^2+R^2+2\cdot R\cdot L\cdot\cos\varphi}\cdot\omega \\
\varepsilon_2 = R\cdot L\cdot\sin\varphi\cdot\dfrac{L^2-R^2}{(L^2+R^2+2\cdot R\cdot L\cdot\cos\varphi)^2}\cdot\omega^2 \\
\varphi_2 = -\arcsin\left(\dfrac{R\cdot\sin\varphi}{\sqrt{L^2+R^2+2\cdot L\cdot R\cdot\cos\varphi}}\right)\cdot\dfrac{\varphi}{\pi-\varphi}
\end{cases} \quad (3)$$

CAP. XVII DETERMINAREA EXPERIMENTALĂ A VALORII CRITICE A UNGHIULUI DE PRESIUNE PENTRU MECANISMELE CU CAMĂ

1. Scopul lucrării

Pentru proiectarea unui mecanism cu camă și tachet, este necesară cunoașterea valorii critice a unghiului de presiune. În timpul funcționării, unghiul de presiune efectiv nu trebuie să ajungă la valoarea lui critică, pentru evitarea blocării tachetului în ghidaj.

2. Principiul lucrării

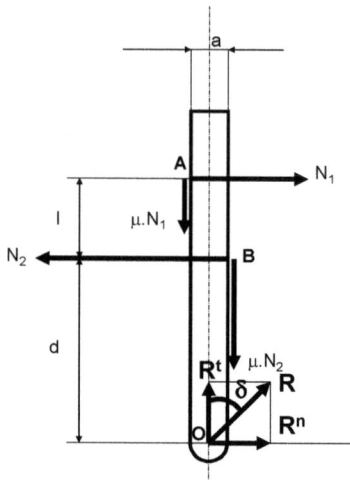

Fig. 1. Tachet cu rolă; forte si lungimi.

Se consideră un mecanism cu camă de rotație plană, cu tachet de translație prevăzut cu rolă.

Sistemul de forțe care realizează echilibrul tachetului este reprezentat în figură.

Se consideră că blocarea tachetului se produce în principal datorită forțelor de frecare din ghidaj, făcându-se aprecierea că frecarea dintre rolă și camă, cât și cea din articulația rolei este relativ mică.

Reacțiunea R ce se transmite de la camă către tachet, este înclinată cu unghiul de presiune δ față de axa tachetului (direcția lui de deplasare).

Componenta normală R^n a reacțiunii produce rotirea în sens trigonometric a tachetului în ghidaj, ceea ce conduce la apariția, în punctele extreme ale ghidajului a reacțiunilor N_1 și N_2.

Componenta tangențială R^t reprezintă forța motoare ce acționează tachetul pentru a fi ridicat.

Blocarea tachetului se produce când forța motoare R^t nu poate să învingă forțele de frecare din ghidaj.

Pe figură s-a mai notat cu l distanța dintre punctele extreme ale ghidajului, cu d, distanța variabilă măsurată de la ghidaj până la articulația rolei, iar cu a lățimea tachetului.

Din cele trei ecuații independente, se obțin :

$$N_1 = \frac{d \cdot tg\delta - \frac{a}{2}}{l - \mu \cdot a} \cdot R' \quad (1) \qquad N_2 = \frac{(d+l) \cdot tg\delta + \frac{a}{2}}{l + \mu \cdot a} \cdot R' \quad (2)$$

$$R' > \mu \cdot N_1 + \mu \cdot N_2 \quad (3)$$

Din cele trei relaţii se obţine în final forma (4).

Deoarece lungimea a este mult mai mică decât lungimile l şi d, iar coeficientul de frecare μ are întotdeauna valori subunitare, se poate neglija termenul $-\mu \cdot a$ din relaţia (4) care capătă forma aproximativă, simplificată (5):

$$tg\delta_{cr} = \frac{l}{\mu \cdot (l + 2 \cdot d - \mu \cdot a)} \quad (4)$$

$$tg\delta_{cr} = \frac{l}{\mu \cdot (l + 2 \cdot d)} \quad (5)$$

3. Metoda de lucru

Pe mecanismul cu camă se măsoară parametrii constanţi l, d=d_{max} şi a. Cu relaţia (4) se determină δ_{cr} exact pentru diferiţi coeficienţi de frecare μ şi se completează primul rand din tabelul următor. Apoi cu relaţia (5) se calculează δ_{cr} aproximativ pentru diverse valori ale lui μ şi se completează ultimul rand din tabelul următor:

l	d_{max}	a	Valorile coeficientului de frecare, μ									
[mm]			0.02	0.03	0.04	0.05	0.06	0.07	0.08	0.09	0.12	0.15	0.18
δ_{cr} exact													
δ_{cr} aprox													

CAP. XVIII DETERMINAREA EXPERIMENTALĂ A PARAMETRILOR DE POZIȚIE PENTRU MECANISMELE CU CAMĂ ȘI TACHET; OBȚINEREA VITEZELOR ȘI ACCELERAȚIILOR PRINTR-O METODĂ DE DERIVARE NUMERICĂ APROXIMATIVĂ BAZATĂ PE DEZVOLTAREA UNEI FUNCȚII ÎN SERIE TAYLOR

1. Noțiuni introductive

Un mecanism cu camă și tachet se compune în principiu dintr-un element conducător, profilat, numit camă, și un element condus, numit tachet. Legătura dintre camă și tachet se face printr-o cuplă superioară. Cama poate fi rotativă, sau translantă. Se va studia în continuare cama clasică rotativă. Tachetul poate fi translant sau rotativ. Se va studia în continuare tachetul translant. El poate fi cu vârf, cu rolă, cu talpă, profilat, etc. Se va avea în vedere un tachet cu vârf sau cu rolă.

Standul experimental se compune dintr-un arbore de distribuție (arbore cu came), sau dintr-o camă rotativă profilată, și un ceas comparator, care ține loc de tachet translant cu vârf (rolă) (vezi figura 1). Ceasul comparator poate măsura deplasarea liniară a tachetului, cu o precizie de o sutime de milimetru.

Fig. 1. *Standul experimental compus din camă rotativă și ceas comparator*

Cama are în general patru faze de lucru: ridicarea (urcarea), staționarea pe cercul superior (de vârf), coborârea (revenirea), staționarea pe cercul inferior (de bază). Ridicarea și coborârea sunt obligatorii. Staționările superioară sau inferioară pot însă să lipsească.

2. Modul de lucru

Deplasarea s a tachetului se citește pe ceasul comparator (în mm) cu o precizie de sutimi de milimetru (cadranul ceasului e împărțit în 100 diviziuni, fiecare reprezentând o sutime de milimetru; de câte ori acul se dă peste cap se mai adaugă un mm), pentru fiecare poziție φ a camei. Unghiul φ ia valori de la 0 la 360 grade sexazecimale [deg], și cum măsurătorile se fac din 10 în 10 grade [deg] rezultă un tabel cu 5 coloane și 37 rânduri.

Măsurătorile se trec în mm în tabelul 1. În principiu valorile s_{37} și s_1 trebuie să coincidă.

Tabelul 1

Nr. crt. k	φ[deg]	s_k[mm]	s_k'[mm]	s_k''[mm]
1	0			
2	10			
...	...	...	...	...
36	350			
37	360			

Dacă deplasarea s a tachetului se face experimental prin citiri succesive, vitezele reduse şi acceleraţiile reduse ale tachetului se determină prin calcul pentru fiecare unghi φ (pentru fiecare poziţie a camei) şi pentru fiecare s măsurat corespunzător. Se utilizează metoda derivării numerice aproximative, care se bazează pe dezvoltarea funcţiilor în serie taylor. Formulele de calcul numeric ce se vor utiliza sunt date de sistemul (1).

$$\begin{cases} s_k' = \dfrac{s_{k+1} - s_{k-1}}{2 \cdot \Delta \varphi}; \quad \Delta \varphi = 10 \cdot \dfrac{\pi}{180} = \dfrac{\pi}{18} = 0{,}1745 \ ; \quad 2 \cdot \Delta \varphi = 0{,}349 \\[2mm] \Rightarrow s_k' = \dfrac{s_{k+1} - s_{k-1}}{0{,}349} \quad pentru \quad un \quad pas \quad \Delta \varphi = 10\,[deg]; \\[2mm] s_k'' = \dfrac{s_{k+1} + s_{k-1} - 2 \cdot s_k}{(\Delta \varphi)^2}; \quad \Delta \varphi = 0{,}1745\ ; \Rightarrow (\Delta \varphi)^2 = 0{,}03 \\[2mm] \Rightarrow s_k'' = \dfrac{s_{k+1} + s_{k-1} - 2 \cdot s_k}{0{,}03} \quad pentru \quad un \quad pas \quad \Delta \varphi = 10\,[deg]; \end{cases} \quad (1)$$

Observaţie: dacă măsurătorile se vor face cu precizie mai mare, din 5 în 5 grade sexazecimale [deg], se vor utiliza relaţiile de calcul din sistemul (2).

$$\begin{cases} s_k' = \dfrac{s_{k+1} - s_{k-1}}{2 \cdot \Delta \varphi}; \quad \Delta \varphi = 5 \cdot \dfrac{\pi}{180} = \dfrac{\pi}{36} = 0{,}087\ ; \quad 2 \cdot \Delta \varphi = 0{,}1745 \\[2mm] \Rightarrow s_k' = \dfrac{s_{k+1} - s_{k-1}}{0{,}1745} \quad pentru \quad un \quad pas \quad \Delta \varphi = 5\,[deg]; \\[2mm] s_k'' = \dfrac{s_{k+1} + s_{k-1} - 2 \cdot s_k}{(\Delta \varphi)^2}; \quad \Delta \varphi = 0{,}087\ ; \Rightarrow (\Delta \varphi)^2 = 0{,}0076 \\[2mm] \Rightarrow s_k'' = \dfrac{s_{k+1} + s_{k-1} - 2 \cdot s_k}{0{,}0076} \quad pentru \quad un \quad pas \quad \Delta \varphi = 5\,[deg]; \end{cases} \quad (2)$$

Se completează întregul tabel 1 (37 poziţii).

În continuare se trasează diagramele s=s(φ); s'=s'(φ); s''=s''(φ), pe hârtie milimetrică, asemănător modelului din figura 2, şi se determină cele patru unghiuri de fază: φ_u, φ_{ss}, φ_c, φ_{si}.

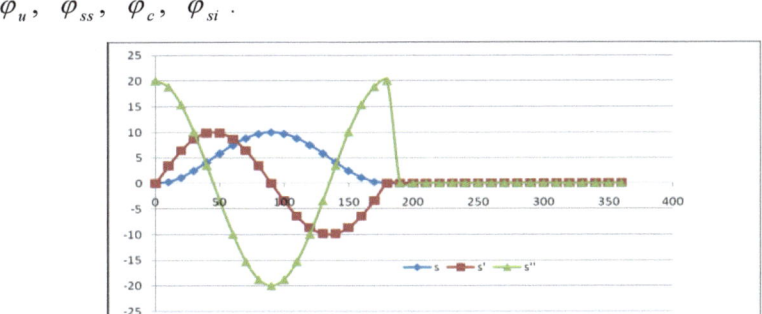

Fig. 2. *Diagramele legilor de mişcare ale tachetului: s=s(φ); s'=s'(φ); s''=s''(φ)*

CAP. IXX ANGRENAJE

Deducerea lungimii segmentului de angrenare AE, şi a mărimii gradului de acoperire la angrenarea exterioară.

În figura 4 este prezentată schematic deducerea gradului de acoperire ε, pe baza obţinerii (calculării) lungimii segmentului de angrenare AE.

Se trasează cele două cercuri de bază (C_{b1} şi C_{b2}) şi tangenta lor comună tt'. Ducem r_{b1} şi r_{b2}, razele celor două cercuri de bază, perpendiculare pe dreapta de angrenare t-t' în punctele k_1 respectiv k_2. Angrenarea poate avea loc cel mult între aceste două puncte. Se vor determina în continuare cu exactitate punctul A de intrare în angrenare, cât şi punctul E de ieşire din angrenare. Punctul A se obţine prin intersectarea cercului de cap (addendum) al roţii 2, C_{a2} cu dreapta tt'. Punctul E se obţine prin intersectarea cercului de cap al roţii 1, C_{a1} cu dreapta tt'. Angrenarea se va face exact între cele două puncte AE de intrare în angrenare şi de ieşire din angrenare (vezi figura 4).

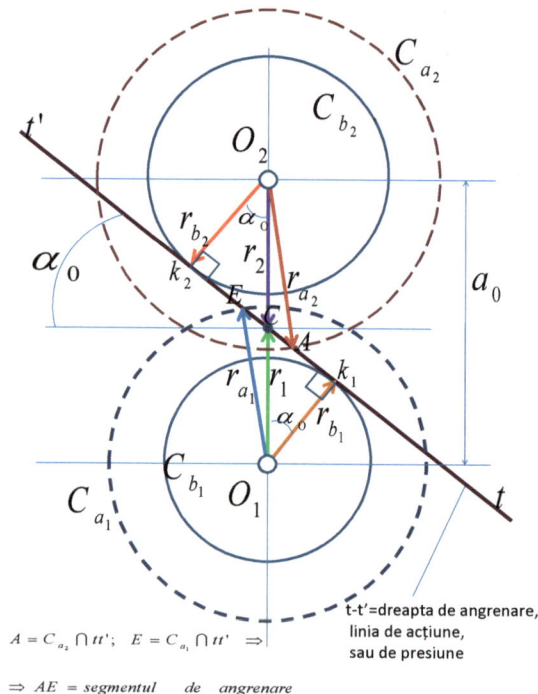

$A = C_{a_2} \cap tt'$; $E = C_{a_1} \cap tt'$ $\Rightarrow$

t-t'=dreapta de angrenare, linia de acţiune, sau de presiune

$\Rightarrow AE$ = segmentul de angrenare

Fig. 4. *Elementele geometrice ale unui angrenaj cilindric cu dinţi drepţi; dreapta de angrenare; deducerea segmentului de angrenare AE şi a gradului de acoperire ε_{12}*

Segmentul AE (lungimea lui în mm) în cadrul căruia se face angrenarea efectivă a perechilor de dinţi, se compară cu lungimea desfăşurată a pasului circular pe cercul de bază p_b, obţinută prin proiectarea pasului circular p de pe cercul de divizare pe cercul de bază, conform relaţiei (9).

$$p_b \equiv p_{b_0} = p \cdot \cos \alpha_0 = m \cdot \pi \cdot \cos \alpha_0 \qquad (9)$$

Pasul circular pe cercul de bază arată cât durează angrenarea unei perechi. De câte ori el se cuprinde în segmentul efectiv de angrenare AE, atâtea perechi de angrenare vor încăpea simultan în segmentul AE pe care se face angrenarea efectivă. Practic gradul de acoperire va fi raportul dintre AE și p_b. El trebuie să fie supraunitar, pentru a avea mai multe perechi în angrenare simultană astfel încât să nu mai apară „timpi morți", întreruperi ale angrenării, jocuri și ciocniri la intrarea în angrenare datorate jocurilor, acestea producând și vibrații și zgomote. Un grad de acoperire cât mai mare aduce și un randament mecanic al angrenajului sporit.

Segmentul de angrenare AE se calculează direct cu relația (10).

$$AE = K_1 E + K_2 A - K_1 K_2 \qquad (10)$$

Expresia K_1E se obține din triunghiul dreptunghic $O_1 K_1 E$, prin aplicarea teoremei lui Pitagora (relația 11).

$$K_1 E = \sqrt{r_{a_1}^2 - r_{b_1}^2} \qquad (11)$$

Similar se determină și expresia K_2A prin aplicarea teoremei lui Pitagora (relația 12) în triunghiul dreptunghic O_2K_2A.

$$K_2 A = \sqrt{r_{a_2}^2 - r_{b_2}^2} \qquad (12)$$

K_1K_2 se exprimă trigonometric prin calcularea segmentelor K_1C și K_2C și prin însumarea lor (relația 13).

$$K_1 K_2 = K_1 C + K_2 C = r_1 \cdot \sin \alpha_0 + r_2 \cdot \sin \alpha_0 = \\ = (r_1 + r_2) \cdot \sin \alpha_0 = a_0 \cdot \sin \alpha_0 \qquad (13)$$

Se înlocuiesc apoi cele trei segmente calculate cu relațiile (11), (12), (13), în expresia (10) și rezultă lungimea segmentului de angrenare AE (relația 14).

$$AE = \sqrt{r_{a_1}^2 - r_{b_1}^2} + \sqrt{r_{a_2}^2 - r_{b_2}^2} - a_0 \cdot \sin \alpha_0 \qquad (14)$$

Gradul de acoperire ε se determină prin împărțirea lui AE la pasul p_b (relația 15).

$$\varepsilon \equiv \varepsilon_{12} = \frac{\sqrt{r_{a_1}^2 - r_{b_1}^2} + \sqrt{r_{a_2}^2 - r_{b_2}^2} - a_0 \cdot \sin \alpha_0}{m \cdot \pi \cdot \cos \alpha_0} \qquad (15)$$

Înlocuind în (15) valorile razelor în funcție de numerele de dinți ale roților în angrenare se obține direct relația (5). Dacă se desfac binoamele (se ridică la pătrat binoamele) de sub radicali, se obține relația (7).

Evitarea fenomenului de interferență

Pentru ca să se evite fenomenul de interferență (figura 4) punctul A trebuie să se găsească între C și K_1 (adică cercul de cap al roții 2, C_{a2}, trebuie să taie segmentul de angrenare între punctele C și K_1, și sub nici o formă să nu depășească punctul K_1). La fel, cercul C_{a1} trebuie să taie dreapta de angrenare între punctele C și K_2, determinând punctul E, care sub nici o formă nu trebuie să treacă de K_2. Aceste condiții de evitare a interferenței se scriu cu relațiile (16).

$$\begin{cases} CA < K_1C \quad si \quad CE < K_2C \\ \\ CA = K_2A - K_2C = \sqrt{r_{a_2}^2 - r_{b_2}^2} - r_2 \cdot \sin\alpha_0; \quad CA < K_1C \Rightarrow \\ \Rightarrow \sqrt{r_{a_2}^2 - r_{b_2}^2} - r_2 \cdot \sin\alpha_0 < r_1 \cdot \sin\alpha_0 \Rightarrow \sqrt{r_{a_2}^2 - r_{b_2}^2} < (r_1 + r_2) \cdot \sin\alpha_0 \\ \Rightarrow d_{a_2}^2 - d_{b_2}^2 < (d_1 + d_2)^2 \cdot \sin^2\alpha_0 \Rightarrow \\ \Rightarrow m^2 \cdot (z_2 + 2)^2 - m^2 \cdot z_2^2 \cdot \cos^2\alpha_0 < m^2 \cdot (z_1 + z_2)^2 \cdot \sin^2\alpha_0 \Rightarrow \\ \Rightarrow z_2^2 + 4 \cdot z_2 + 4 - z_2^2 < z_1^2 \cdot \sin^2\alpha_0 + 2 \cdot z_1 \cdot z_2 \cdot \sin^2\alpha_0 \Rightarrow \\ \Rightarrow 4 \cdot z_2 + 4 < z_1^2 \cdot \sin^2\alpha_0 + 2 \cdot z_1 \cdot z_2 \cdot \sin^2\alpha_0 \\ din \quad CE < K_2C \Rightarrow 4 \cdot z_1 + 4 < z_2^2 \cdot \sin^2\alpha_0 + 2 \cdot z_1 \cdot z_2 \cdot \sin^2\alpha_0 \\ se \quad obtine \quad sistemul \quad \begin{cases} 4 \cdot z_2 + 4 < z_1^2 \cdot \sin^2\alpha_0 + 2 \cdot z_1 \cdot z_2 \cdot \sin^2\alpha_0 \\ 4 \cdot z_1 + 4 < z_2^2 \cdot \sin^2\alpha_0 + 2 \cdot z_1 \cdot z_2 \cdot \sin^2\alpha_0 \end{cases} \\ se \quad ia \quad i \equiv |i_{12}| = \dfrac{z_2}{z_1} \Rightarrow z_2 = i \cdot z_1; cu \quad care \quad obtinem \quad sistemul \\ \begin{cases} \sin^2\alpha_0 \cdot (1 + 2 \cdot i) \cdot z_1^2 - 2 \cdot 2 \cdot i \cdot z_1 - 4 > 0 \\ \sin^2\alpha_0 \cdot (i^2 + 2 \cdot i) \cdot z_1^2 - 2 \cdot 2 \cdot z_1 - 4 > 0 \end{cases} \quad care \quad au \quad solutiile: \\ \begin{cases} z_{1_{1,2}} = \dfrac{2 \cdot i \pm 2 \cdot \sqrt{i^2 + \sin^2\alpha_0 + 2 \cdot i \cdot \sin^2\alpha_0}}{(2 \cdot i + 1) \cdot \sin^2\alpha_0} \\ z_{1_{3,4}} = \dfrac{2 \pm 2 \cdot \sqrt{1 + i^2 \cdot \sin^2\alpha_0 + 2 \cdot i \cdot \sin^2\alpha_0}}{(2 \cdot i + i^2) \cdot \sin^2\alpha_0} \end{cases} se \quad opresc \quad solutiile \quad + \\ \begin{cases} z_{1_2} = 2 \cdot \dfrac{i + \sqrt{i^2 + \sin^2\alpha_0 + 2 \cdot i \cdot \sin^2\alpha_0}}{(2 \cdot i + 1) \cdot \sin^2\alpha_0} \\ z_{1_4} = 2 \cdot \dfrac{1 + \sqrt{1 + i^2 \cdot \sin^2\alpha_0 + 2 \cdot i \cdot \sin^2\alpha_0}}{(2 \cdot i + i^2) \cdot \sin^2\alpha_0} \end{cases} \end{cases}$$ (16)

Relația care îl generează pe z_{1_4} dă întotdeauna valori mai mici decât relația care-l generează pe z_{1_2}, astfel încât este suficientă condiția (17) pentru aflarea numărului minim de dinți necesar evitării interferenței danturii angrenajului.

$$z_{1_2} = 2 \cdot \frac{i + \sqrt{i^2 + \sin^2\alpha_0 + 2 \cdot i \cdot \sin^2\alpha_0}}{(2 \cdot i + 1) \cdot \sin^2\alpha_0} \qquad (17)$$

În tabelul 1 se prezintă valorile obţinute cu ajutorul relaţiei (17), pentru diferite valori standardizate ale raportului de transmitere i, şi pentru trei valori diferite atribuite unghiului de presiune α_0.

Tabelul 1. Z_{min} *pentru evitarea interferenţei*

α_0	20 [deg]									
i	1	1.25	1.6	2	2.5	3.15	4	5	6.3	8
$z_{1,2}$	12.32	12.96	13.62	14.16	14.64	15.07	15.44	15.74	15.99	16.22

α_0	20 [deg]									
i	10	12.5	16	20	25	31.5	40	50	63	80
$z_{1,2}$	16.38	16.52	16.64	16.73	16.80	16.86	16.91	16.95	16.98	17.00

α_0	4 [deg]									
i	1	1.25	1.6	2	2.5	3.15	4	5	6.3	8
$z_{1,2}$	275.	294.4	313.8	329.3	342.9	355.	365.6	373.9	380.9	387.

α_0	35 [deg]									
i	1	1.25	1.6	2	2.5	3.15	4	5	6.3	8
$z_{1,2}$	4.88	5.03	5.19	5.32	5.44	5.55	5.64	5.72	5.79	5.84

Se observă că numărul minim de dinţi necesar evitării interferenţei pentru unghiul de presiune standard (α_0 =20 [deg]) este 13 corespunzător unui raport de transmitere i=1, şi creşte odată cu raportul de transmitere i stas ajungând la valoarea maximă de 18 dinţi pentru i>100. Pentru rapoartele de transmitere uzuale z_{min} ia valori cuprinse între 13 şi 17 dinţi, pentru unghiul de presiune standard. Dacă α_0 scade până la valoarea de 4 [deg], z_{min} variază între 275 şi 410 dinţi.

Când α_0 creşte până la valoarea de 35 [deg], z_{min} variază între 5 şi 6 dinţi.

Observaţie: Metodele mai vechi de proiectare a angrenajelor cilindrice cu dantură dreaptă, nu calculau z_{min} şi în funcţie de i, şi nu se punea problema modificării unghiului de presiune α_0, astfel încât singurele metode de a construi angrenaje care să poată să-şi scadă numărul minim de dinţi erau deplasarea de profil şi sau scurtarea dinţilor. Oricum roţile cilindrice cu dinţi drepţi s-au utilizat din ce în ce mai puţin, fiind înlocuite cu cele cu dantură înclinată, dar şi cu angrenajele conice, hiperboloidale, toroidale, melcate.

Prin scăderea numărului de dinţi al roţii conducătoare 1, scade şi gradul de acoperire cât şi randamentul angrenajului, creşte unghiul de presiune, cresc eforturile, uzura, şi scade perioada de viaţă a angrenajului.

Dacă creştem în schimb, numărul minim de dinţi al roţii de intrare, creşte gradul de acoperire, creşte randamentul angrenajului, scad unghiurile de presiune şi eforturile din cuplă, creşte fiabilitatea angrenajului, acesta funcţionând cu vibraţii şi zgomote mult mai reduse, cu randamente ridicate, şi un timp mai îndelungat.

CAP. XX STUDIUL CINEMATIC AL MECANISMELOR CU ROȚI DINȚATE

1. Considerații generale

Mecanismele cu roți dințate, numite și angrenaje, reprezintă cea mai răspândită categorie de transmisii mecanice, fiind caracterizate prin durabilitate și siguranță în funcționare, gabarit redus, randament mecanic ridicat și raport de transmitere constant.

Raportul de transmitere al mecanismului, i_{1n}, este raportul dintre viteza unghiulară a arborelui conducător (de intrare), ω_1 și viteza unghiulară a arborelui condus (de ieșire), ω_n.

$$i_{1n} = \frac{\omega_1}{\omega_n} \quad (1) \qquad\qquad i_{12} = \frac{\omega_1}{\omega_2} = \pm \frac{z_2}{z_1} \quad (2)$$

Dacă cei doi arbori, de intrare și de ieșire, sunt paraleli, atunci raportul de transmitere se consideră pozitiv dacă arborii se rotesc în același sens și negativ dacă se rotesc în sensuri contrare.

Pentru angrenajul cu două axe paralele (angrenajul cilindric), raportul de transmitere se exprimă prin relația (2), unde z_1 și z_2 sunt numerele de dinți ale celor două roți dințate.

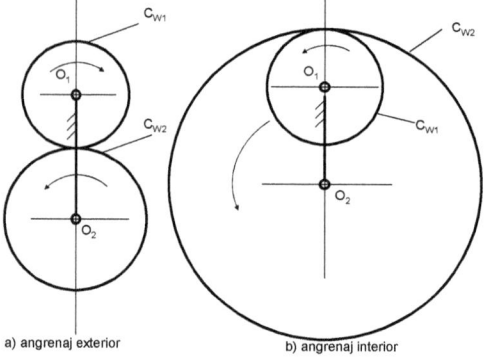

a) angrenaj exterior   b) angrenaj interior

Fig. 1. *Schema angrenajului cilindric*

Semnul "-" corespunde angrenajului exterior, iar "+" angrenajului interior (Fig. 1.)

În cazul mecanismelor complexe (mecanisme cu mai mult de două roți), raportul de transmitere se determină cu relația (3)

$$i_{1n} = i_{12} \cdot i_{23} \cdot \ldots \cdot i_{n-1,n} \quad (3)$$

Utilizarea mecanismelor cu mai multe trepte (fiecare pereche de două roți dințate în angrenare, constituie o treaptă), se face în scopul obținerii unor rapoarte de transmitere mai mari (deoarece raportul pentru o treaptă este limitat, pentru a nu scădea randamentul angrenării și pentru a nu avea o variație de sarcină foarte mare pe un singur angrenaj, între roata de intrare și cea de ieșire; i<6...10).

De obicei raportul de transmitere total al angrenării este supraunitar ($i_{1n}>1$), ceea ce face ca turația (sau viteza unghiulară) la ieșire să fie mai mică decât cea de intrare ($\omega_n < \omega_1$), transmisia numindu-se în acest caz reductor; se reduce turația (viteza unghiulară) dar în schimb crește momentul M (sarcina, cuplul), deoarece puterea de la intrare este aproximativ egală cu cea de la ieșire (dacă nu ținem cont de pierderile mecanice și prin frecări, de randamentul mecanismului),

$$P_1 \equiv M_1 \cdot \omega_1 = M_n \cdot \omega_n \equiv P_n.$$

În figura 2 se prezintă un exemplu de reductor cu două trepte. La acest mecanism, raportul de transmitere în funcție de numerele de dinți se scrie:

$$i_{13} = i_{12} \cdot i_{23} = (-\frac{z_2}{z_1}) \cdot (-\frac{z_3}{z_{2'}}) = \frac{z_2 \cdot z_3}{z_1 \cdot z_{2'}} \tag{4}$$

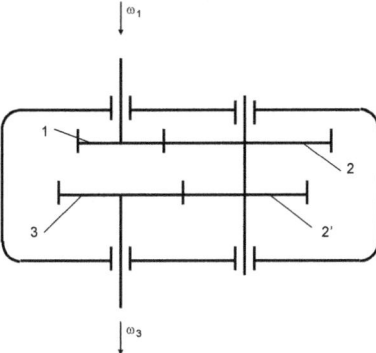

Fig. 2. *Schema cinematică a unui reductor cu două trepte cu revenire*

Deoarece i_{13} este pozitiv, reductorul nu schimbă sensul de rotaţie (dacă se schimba sensul de rotaţie între intrare-ieşire reductorul se chema inversor; dacă în loc să micşorăm turaţia am fi crescut-o mecanismul s-ar fi numit în loc de reductor, multiplicator).

Atunci când arborele de ieşire este coaxial cu cel de intrare (cum este cazul reductorului cu două trepte din figura 2), reductorul este denumit cu revenire.

Se numeşte cutie de viteze, un mecanism cu roţi dinţate la care raportul de transmitere se poate modifica în salturi, prin schimbarea roţilor în angrenare.

În figura 3. se dă un exemplu de cutie de viteze cu două trepte. Prima treaptă: roţile 1-2; a doua treaptă: roţile 1'-2'.

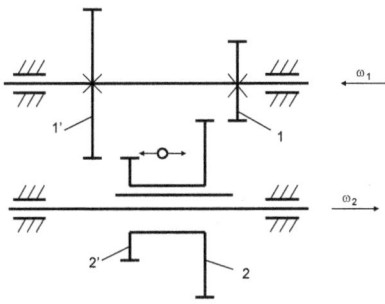

Fig. 3. *Schema cinematică a unei cutii de viteze cu două trepte*

Roţile 2 şi 2', care se pot deplasa axial, se numesc roţi baladoare.

Mecanismele cu roți dințate se pot clasifica în mecanisme cu axe fixe (cum au fost cele prezentate până acum) și mecanisme cu axe mobile, sau planetare, care au în structura lor și roți dințate cu axe mobile (aceste roți dințate cu axe mobile purtând denumirea de sateliți); roțile dințate cu axe fixe din cadrul unui planetar se cheamă roți centrale sau planetare, iar cele cu axe mobile se numesc roți sateliți și se rotesc în jurul planetarelor (roților centrale) fiind purtate (susținute) de un element ce poartă denumirea de braț port satelit.

Un mecanism planetar cu roți dințate are în general următoarele componente de bază: două roți cu o axă fixă comună (roți centrale), un element în rotație care susține sateliții, coaxial cu roțile centrale (elementul sau brațul port-satelit, notat cu H) și sateliții.

În principiu, două din cele trei elemente legate la bază, sunt elemente conducătoare și al treilea este element condus. În această situație, mecanismul are două grade de mobilitate (M=2) și se numește planetar diferențial, ori direct diferențial (fig. 4.).

Dacă una din roțile centrale este fixă (M=1), mecanismul se numește planetar simplu (fig. 5).

Mecanismele planetare permit obținerea unor rapoarte de transmitere mari, folosind un număr mic de roți dințate, cu randamente ridicate, transmisiile rezultate fiind compacte, ușoare, economice; în plus aceste mecanisme permit automatizarea mișcării, prin transformarea cutiei de viteze clasice cu angrenaje fixe, într-o cutie (schimbător) de viteze automată, la care nu mai este necesară schimbarea manuală a vitezelor de către conducătorul vehiculului.

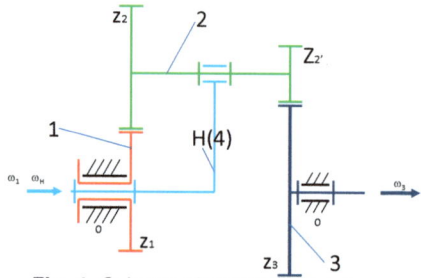

Fig. 4. *Schema cinematică a unui mecanism planetar diferențial (M=2)*

Tot prin angrenajele planetare diferențiale s-a putut realiza diferențierea mișcării între roțile unei punți motoare, diferențiere extrem de necesară atunci când vehiculul respectiv rulează în curbă.

În figura 4 se exemplifică un mecanism planetar diferențial. După cum se observă, 1 și 3 sunt roțile centrale, H este brațul port-satelit, iar roțile 2 și 2' solidare pe un ax comun, reprezintă un singur element numit satelitul 2.

Dacă mecanismului planetar, în ansamblu, i se imprimă o rotație inversă "$-\omega_H$", acesta se transformă într-un mecanism cu axe fixe (cu revenire), numit mecanism de bază (metoda se numește "Willis"). Se poate observa că, mecanismul de bază al diferențialului de mai sus, este reductorul cu două trepte din figura 2.

Aplicând metoda Willis pentru diferențialul din figura 4, se poate scrie (relația 5); din care extragem relația (6):

$$i_{31}^H = \frac{\omega_3 - \omega_H}{\omega_1 - \omega_H} \quad (5) \qquad \omega_3 = \omega_1 \cdot i_{31}^H + \omega_H \cdot (1 - i_{31}^H) \quad (6)$$

Totodată, considerând mecanismul de bază, putem scrie relația (7):

$$i_{31}^H = \frac{1}{i_{13}^H} = \frac{z_1 \cdot z_{2'}}{z_2 \cdot z_3} \quad (7)$$

$$i_{H3} = \frac{\omega_H}{\omega_3} = \frac{\omega_H}{\omega_1 \cdot i_{31}^H + \omega_H \cdot (1 - i_{31}^H)} \quad (8)$$

Dacă roata 1 se fixează ($\omega_1=0$), se obţine un mecanism planetar simplu, ca cel din figura 5.

Presupunând că H este elementul conducător (cazul cel mai utilizat), din relaţia vitezelor unghiulare stabilită deja, rezultă (8) particularizat:

Din relaţia (8) se observă că dacă i_{31}^{H} este aproximativ 1, raportul de transmitere este foarte mare. Astfel, dacă numerele de dinţi ale roţilor sunt apropiate între ele, i_{H3} poate lua valori de ordinul miilor, milioanelor, sau chiar mai mari (în detrimentul randamentului).

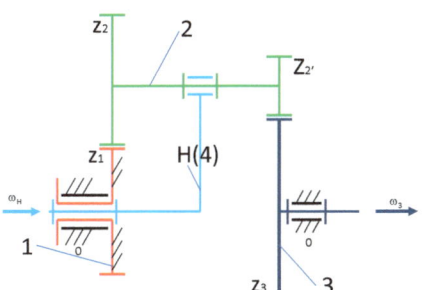

Fig. 5. *Schema cinematică a unui mecanism planetar simplu (M=1).*

(a) şi a unui planetar simplu (b).

Observaţie: Din punct de vedere practic, într-un mecanism planetar există mai mulţi sateliţi identici, dispuşi echidistant, pentru reducerea solicitărilor dinamice şi pentru echilibrarea elementului port-satelit. Sateliţii suplimentari sunt elemente pasive şi nu figurează în schema cinematică. În figura 6 se arată pozele unui schimbător de viteze 3+1 clasic

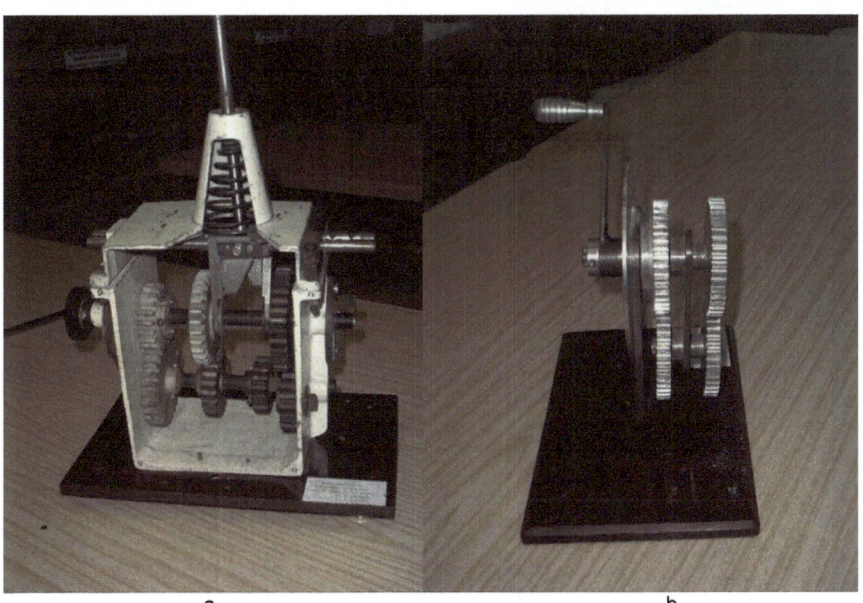

Fig. 6. *Schemele constructive (poze-machete) ale unui SV clasic 3+1(a)şi a unui mecanism planetar simplu (b).*

În figura 7 este arătată schema constructivă a unei cutii de viteze automate (e vorba de o secţiune transversală a unui schimbător de viteze automat). Deşi este mai greu de realizat din punct de vedere tehnologic, totuşi avantajele evidente ale unei astfel de transmisii o impun acum şi tot mai mult în viitor. Schimbarea vitezelor se face automat, pe o plajă mărită, printr-o acționare automată și continuă, aproape fără șocuri, vibrații și zgomote; fără uzura de la schimbătorul clasic, fără manevrarea dificilă a ambreiajului acționat de șofer cu o pedală, acum cuplajele fiind automate și silențioase. Schema constructivă arată utilizarea mai multor grupuri de mecanisme planetare.

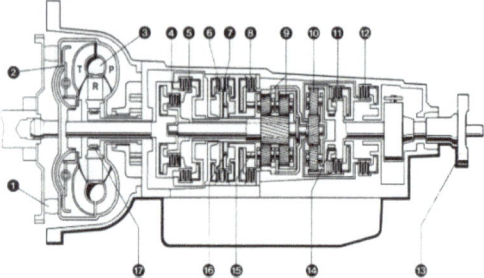

Fig. 7. *Schema constructivă a unui schimbător de viteze automat*

Și de aici, se poate vedea avantajul mecanismului cu axe mobile în comparație cu cel cu axe fixe.

În figura 8 este prezentată fotografia unui mecanism diferențial conic.

El realizează diferențierea vitezelor celor două roți ale punții conducătoare pe care este montat, atunci când este nevoie; necesitatea diferențierii vitezelor de rotație la cele două roți de tracțiune de pe aceeași punte apare în special atunci când vehiculul respectiv se află în curbă; roata care rulează pe cercul exterior poate astfel să capete o viteză unghiulară mai mare decât cea a roții care rulează pe cercul interior, de curbură mai mică (de rază mai mică). Se evită astfel uzura puternică a roții și a transmisiei.

Fig. 8. *Schema constructivă (poză) a unui mecanism planetar diferențial (conic).*

2. Scopul lucrării Lucrarea are ca scop analiza cinematică a unor tipuri reprezentative de mecanisme cu roți dințate, existente în dotarea laboratorului: reductoare, cutii de viteză, mecanisme planetare, simple și diferențiale (dintre acestea existând diferențiale cilindrice și conice).

3. Modul de lucru Mecanismele care urmează a fi studiate sunt prezentate într-un formular (model de referat), anexat la lucrarea de față. El conține schemele cinematice ale mecanismelor respective cu precizarea mărimilor care se determină. Lucrarea efectivă constă în: identificarea elementelor și verificarea schemelor cinematice; determinarea numerelor de dinți ale roților din angrenajele respective; stabilirea (verificarea) relației de calcul și calculul rapoartelor de transmitere, parțiale și final, pentru fiecare mecanism în parte; tragerea unor concluzii pe baza celor prezentate mai înainte.

<u>NOTĂ:</u> Referatul lucrării se va întocmi conform modelului anexat.

DEPARTAMENTUL TEORIA
MECANISMELOR ȘI A ROBOȚILOR

STUDENT..................
GRUPA..........DATA......

STUDIUL CINEMATIC AL MECANISMELOR CU ROȚI DINȚATE

I - MECANISME CU AXE FIXE

a) Reductor cu roți cilindrice cu două trepte, cu revenire

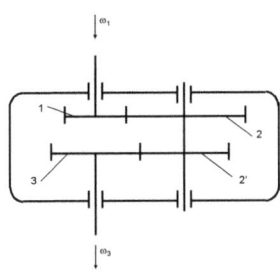

$z_1 = ...$
$z_2 = ...$
$z_{2'} = ...$
$z_3 = ...$

$$i_{13} = i_{12} \cdot i_{23} = \left(-\frac{z_2}{z_1}\right) \cdot \left(-\frac{z_3}{z_{2'}}\right) = \frac{z_2 \cdot z_3}{z_1 \cdot z_{2'}}$$

b) Cutie de viteze cu 3+1 trepte;

$z_1 = .., z_2 = .., z_3 = .., z_4 = .., z_5 = .., z_6 = .., z_7 = .., z_8 = ..$

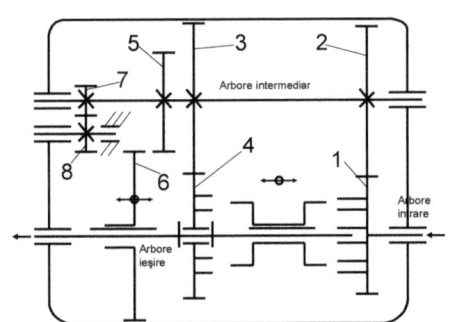

Treapta de viteză	Roți în angrenare		raport de transmitere	
			relație	valoare
I	1-2	5-6	$i_I = i_{12} \cdot i_{56}$	
II	1-2	3-4	$i_{II} = i_{12} \cdot i_{34}$	
III	priză directă		-	
MR	1-2 7-8 8-6		$i_{MR} = i_{12} \cdot i_{78} \cdot i_{86}$	

II - MECANISME CU AXE MOBILE   (planetar simplu)

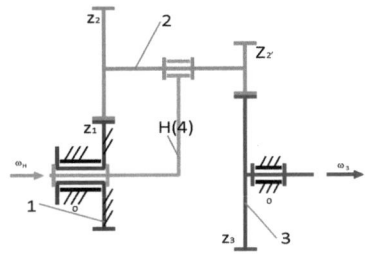

$$i_{31}^H = \frac{1}{i_{13}^H} = \frac{z_1 \cdot z_{2'}}{z_2 \cdot z_3}$$

$$i_{H3}^1 = \frac{1}{i_{3H}^1} = \frac{1}{1 - i_{31}^H}$$

85

CAP. XXI DETERMINAREA RANDAMENTULUI MECANIC LA UN MECANISM PLANETAR SIMPLU

În figura 1 sunt prezentate schemele constructive corespunzătoare la trei mecanisme planetare simple, pentru care trebuie determinat randamentul mecanic, iar în fig. 2 se poate urmări schema cinematică corespunzătoare unui astfel de mecanism.

Fig. 1. *Scheme constructive (poze) ale unor mecanisme planetare simple cărora trebuie să li se determine randamentul mecanic*

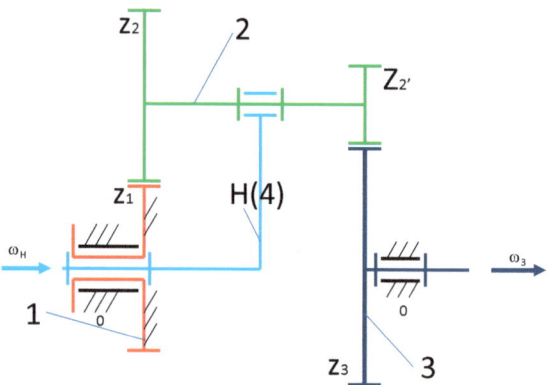

Fig. 2. *Schema cinematică a unui planetar simplu (M=1)*

Se utilizează relațiile de calcul (1-5).

$$\begin{cases} \eta_{H3}^1 = \dfrac{P_3}{P_H} = \dfrac{P_3}{P_3 + P_p} = \dfrac{P_3}{P_3 + P_3 \cdot \dfrac{1+\eta_{13}^H}{\eta_{13}^H} \cdot \left| i_{H3} - 1 \right|} = \\ \\ = \dfrac{1}{1 + \dfrac{1+\eta_{13}^H}{\eta_{13}^H} \cdot \left| i_{H3} - 1 \right|} = \dfrac{1}{1 + \dfrac{1+\eta_{13}^H}{\eta_{13}^H} \cdot \left| i_{H3}^1 - 1 \right|} \end{cases} \quad (1)$$

$$\begin{cases} i_{13}^{H} = \dfrac{\omega_1 - \omega_H}{\omega_3 - \omega_H} \equiv \dfrac{z_2}{z_1} \cdot \dfrac{z_3}{z_{2'}} \\[2mm] \dfrac{z_2}{z_1} \cdot \dfrac{z_3}{z_{2'}} = \dfrac{\dfrac{\omega_1}{\omega_H} - \dfrac{\omega_H}{\omega_H}}{\dfrac{\omega_3}{\omega_H} - \dfrac{\omega_H}{\omega_H}} \\[2mm] i_{13}^{H} = \dfrac{z_2 \cdot z_3}{z_1 \cdot z_{2'}} = \dfrac{0-1}{\dfrac{\omega_3}{\omega_H} - 1} = \dfrac{1}{1 - i_{3H}} = \dfrac{1}{1 - \dfrac{1}{i_{H3}^{1}}} \Rightarrow \\[2mm] \Rightarrow i_{H3}^{1} = \dfrac{1}{1 - \dfrac{1}{i_{13}^{H}}} = \dfrac{z_2 \cdot z_3}{z_2 \cdot z_3 - z_1 \cdot z_{2'}} \end{cases} \qquad (2)$$

$$\eta_m = \dfrac{1}{1 + tg^2\alpha_0 + \dfrac{2\pi^2}{3 \cdot z_1^2} \cdot (\varepsilon_{12} - 1) \cdot (2 \cdot \varepsilon_{12} - 1) \pm \dfrac{2\pi \cdot tg\alpha_0}{z_1} \cdot (\varepsilon_{12} - 1)} \qquad (3)$$

$$\varepsilon_{12}^{a.e.} = \dfrac{\sqrt{z_1^2 \cdot \sin^2\alpha_0 + 4 \cdot z_1 + 4} + \sqrt{z_2^2 \cdot \sin^2\alpha_0 + 4 \cdot z_2 + 4} - (z_1 + z_2) \cdot \sin\alpha_0}{2 \cdot \pi \cdot \cos\alpha_0} \qquad (4)$$

$$\varepsilon_{12}^{a.i.} = \dfrac{\sqrt{z_e^2 \cdot \sin^2\alpha_0 + 4 \cdot z_e + 4} - \sqrt{z_i^2 \cdot \sin^2\alpha_0 - 4 \cdot z_i + 4} + (z_i - z_e) \cdot \sin\alpha_0}{2 \cdot \pi \cdot \cos\alpha_0} \qquad (5)$$

Modul de lucru, în 8 (opt) paşi:

a-Se determină numărul de dinţi al celor patru roţi $z_1, z_2, z_{2'}, z_3$, prin numărare directă pe mecanism, urmărind şi schema din figura 2 pentru conformitate (pentru identificarea roţilor 1, 2, 2', 3).

b+c-Se calculează gradul de acoperire al angrenajului 1-2 cu relaţia (6), iar cu ajutorul lui se calculează randamentul angrenajului 1-2 cu relaţia (7).

d+e-Se calculează gradul de acoperire al angrenajului 2-3 cu relaţia (8), iar cu ajutorul lui se calculează randamentul angrenajului 2-3 cu relaţia (9).

f-Produsul celor două randamente ne donează randamentul total al mecanismului cu axe fixe (se utilizează relaţia 10).

g-Cu relaţia (11) se calculează raportul de transmitere intrare-ieşire al planetarului simplu (cu elementul 1 fixat).

h-În final se determină randamentul dorit, randamentul mecanic total al planetarului, utilizând pentru calculul acestuia relaţia (12), în care mai avem nevoie doar de rezultatele obţinute din relaţiile anterioare (10) şi (11).

$$\varepsilon_{12}^{a.e.} = \frac{\sqrt{z_1^2 \cdot \sin^2 \alpha_0 + 4 \cdot z_1 + 4} + \sqrt{z_2^2 \cdot \sin^2 \alpha_0 + 4 \cdot z_2 + 4} - (z_1 + z_2) \cdot \sin \alpha_0}{2 \cdot \pi \cdot \cos \alpha_0} \qquad (6)$$

$$\eta_{m12} = \frac{1}{1 + tg^2 \alpha_0 + \frac{2\pi^2}{3 \cdot z_1^2} \cdot (\varepsilon_{12} - 1) \cdot (2 \cdot \varepsilon_{12} - 1) \pm \frac{2\pi \cdot tg \alpha_0}{z_1} \cdot (\varepsilon_{12} - 1)} \qquad (7)$$

$$\varepsilon_{23}^{a.e.} = \frac{\sqrt{z_{2'}^2 \cdot \sin^2 \alpha_0 + 4 \cdot z_{2'} + 4} + \sqrt{z_3^2 \cdot \sin^2 \alpha_0 + 4 \cdot z_3 + 4} - (z_{2'} + z_3) \cdot \sin \alpha_0}{2 \cdot \pi \cdot \cos \alpha_0} \qquad (8)$$

$$\eta_{m23} = \frac{1}{1 + tg^2 \alpha_0 + \frac{2\pi^2}{3 \cdot z_{2'}^2} \cdot (\varepsilon_{23} - 1) \cdot (2 \cdot \varepsilon_{23} - 1) \pm \frac{2\pi \cdot tg \alpha_0}{z_{2'}} \cdot (\varepsilon_{23} - 1)} \qquad (9)$$

$$\eta_{13}^H = \eta_{m12}^H \cdot \eta_{m23}^H = \eta_{m12} \cdot \eta_{m23} \qquad (10)$$

$$i_{H3}^1 = \frac{z_2 \cdot z_3}{z_2 \cdot z_3 - z_1 \cdot z_{2'}} \qquad (11)$$

$$\eta_{H3}^1 = \frac{1}{1 + \frac{1 + \eta_{13}^H}{\eta_{13}^H} \cdot \left| i_{H3}^1 - 1 \right|} \qquad (12)$$

CAP. XXII SINTEZA GEOMETRO-CINEMATICĂ A MECANISMELOR PLANETARE; DETERMINAREA NUMERELOR DE DINȚI ALE ROȚILOR COMPONENTE

Mecanismul planetar simplu (vezi figura 1) se sintetizează (proiectează) geometric, prin determinarea celor patru numere de dinți ale roților componente. Se impun patru condiții.

a) Prima condiție în sinteza geometro-cinematică a unui planetar simplu este cea de încărcare uniformă a (grupurilor satelite) sateliților (sau condiția de angrenare simultană).

Pentru ca grupurile satelite să fie uniform încărcate (determinând astfel o uzură uniformă și minimă cu o funcționare liniștită, lungă, fără zgomote, vibrații, șocuri), angrenarea trebuie să se realizeze simultan, sateliții fiind dispuși simetric, la distanțe egale. E vorba evident de grupurile de sateliți; dacă s-ar utiliza un singur grup de sateliți încărcarea ar fi mare și mai ales neuniformă, dinamic funcționarea fiind aproape imposibilă deoarece nu s-ar putea realiza echilibrarea dinamică. Din acest motiv se utilizează două, trei, patru, cinci, etc, grupuri de sateliți. O echilibrare foarte bună nu doar statică ci și dinamică se realizează de exemplu la utilizarea a minim trei grupuri de sateliți.

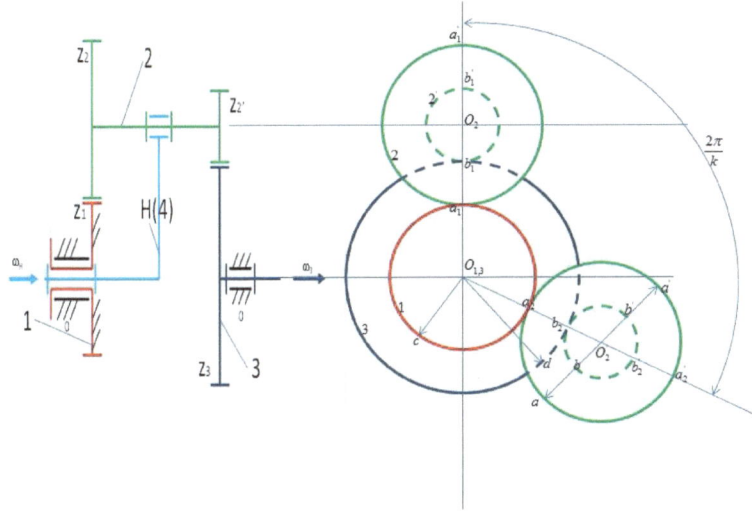

Fig. 1. *Sinteza geometrică a unui mecanism planetar simplu*

Dacă calibrăm primul grup de sateliți (așezat pe verticală – vezi figura 1), astfel încât diametrul a_1a_1' să fie o axă de simetrie, la grupul satelit doi axa respectivă nu mai poate fi poziționată în general după direcția a_2a_2' ci va fi dezaxată (rotită cu un unghi oarecare α) ocupând poziția aa'. Poziționarea dezaxată a satelitului 2 cu segmentul a_2a trebuie să se încadreze totuși într-un număr întreg de pași: $a_2a=n_1.p_1$; același fenomen se produce și la roata 2': $b_2b=n_2.p_2$; dar și la roata centrală 1: $a_1c=n_3.p_1$; cât și la roata centrală 3: $b_1d=n_4.p_2$; cum procesul se produce fără alunecare segmentul a_2a de pe roata satelit 2 trebuie să fie egal cu segmentul a_2c de pe roata centrală 1. În plus $a_1a_2=z_1.p_1/k$; rezultă relația 1.

$$\begin{cases} a_1 a_2 = a_1 c - a_2 c = a_1 c - a_2 a = n_3 \cdot p_1 - n_1 \cdot p_1 \\ a_1 a_2 = \dfrac{z_1 \cdot p_1}{k} \end{cases} \Rightarrow z_1 = k \cdot (n_3 - n_1) \quad (1)$$

La fel se determină şi relaţia 2.

$$\begin{cases} b_1 b_2 = b_1 d - b_2 d = b_1 d - b_2 b = n_4 \cdot p_2 - n_2 \cdot p_2 \\ b_1 b_2 = \dfrac{z_3 \cdot p_2}{k} \end{cases} \Rightarrow z_3 = k \cdot (n_4 - n_2) \quad (2)$$

Se pot scrie imediat patru relaţii (sistemul 3), de unde se pot concluziona cele patru condiţii de angrenare simultană: z_1, z_3, $z_3 - z_1$, $z_1 + z_3$, toate patru trebuie să fie numere naturale, şi în plus multipli de k.

$$\begin{cases} z_1 = k \cdot (n_3 - n_1) = k \cdot N_1 \\ z_3 = k \cdot (n_4 - n_2) = k \cdot N_2 \\ z_3 - z_1 = k \cdot (n_1 + n_4 - n_2 - n_3) = k \cdot N_3 \\ z_3 + z_1 = k \cdot (n_3 + n_4 - n_1 - n_2) = k \cdot N_4 \end{cases} \quad (3)$$

b)   Condiţia de coaxialitate

Pentru ca axele tuturor roţilor să fie coaxiale, trebuie îndeplinită condiţia $O_1 O_2 = O_3 O_2$; care se mai poate scrie şi $r_1 + r_2 = r_3 + r_{2'}$; sau ½($d_1 + d_2 = d_3 + d_{2'}$); sau ½($m_1 z_1 + m_2 z_2 = m_2 z_3 + m_2 z_{2'}$); dacă utilizăm acelaşi modul la ambele angrenaje ($m_1 = m_2 = m$) se obţine forma particulară a condiţiei de coaxialitate (4), exprimată în două moduri diferite.

$$\begin{cases} z_1 + z_2 = z_3 + z_{2'} \\ z_3 - z_1 = z_2 - z_{2'} \end{cases} \quad (4)$$

c)   Condiţia de realizare a unui raport de transmitere intrare-ieşire impus, i_{H3}

Se scriu în sistemul (5) relaţiile deja cunoscute de la cinematica planetarelor.

$$\begin{cases} i_{H3} = i_{H3}^1 = \dfrac{1}{i_{3H}^1} = \dfrac{1}{1 - i_{31}^H} = \dfrac{1}{1 - \dfrac{1}{i_{13}^H}} = \dfrac{1}{1 - \dfrac{1}{\dfrac{z_2}{z_1} \cdot \dfrac{z_3}{z_{2'}}}} = \dfrac{z_2 \cdot z_3}{z_2 \cdot z_3 - z_1 \cdot z_{2'}} \Rightarrow \\ \Rightarrow z_1 \cdot z_{2'} = z_2 \cdot z_3 \cdot \left(1 - \dfrac{1}{i_{H3}}\right) \Rightarrow z_1 \cdot z_{2'} = z_2 \cdot z_3 \cdot (1 - i_{3H}) \end{cases} \quad (5)$$

d)   Condiţia de (bună) vecinătate (a grupurilor de sateliţi)

Pentru ca sateliţii cei mai mari aparţinând la două grupuri de sateliţi vecini să nu se atingă e necesară introducerea condiţiei suplimentare, de vecinătate. La mecanismul utilizat (fig. 1), mai mari sunt roţile satelite 2, comparativ cu 2', astfel încât condiţia de vecinătate se va verifica doar la roţile 2 (vezi figura 2).

În figura 2, sateliţii mai mari (roţile 2), a două grupuri vecine au fost apropiaţi forţat până la tangenţă. Mai mult nu se poate. Vor veni în tangenţă cele două cercuri exterioare ale roţilor 2. Cercurile de rulare (aici şi de divizare) ale roţilor 2 (micşorate exagerat în figură, tocmai pentru înţelegerea fenomenului) sunt tangente la cercul de rulare (divizare) al roţii centrale 1.

Distanţa OB reprezintă suma razelor de divizare $r_1 + r_2$ (distanţa dintre axe).

Unghiul π/k (jumătate din unghiul 2π/k) este cunoscut (deoarece k se precizează înainte de sinteză).

Se poate calcula imediat cu funcţia trigonometrică sin, lungimea TB:

TB=BT=(r_1+r_2).sin(π/k)=m/2.(z_1+z_2).sin(π/k)

Raza exterioară a roţii 2 se scrie: r_{a2}=m/2.(z_2+2)

Condiţia de vecinătate rezultă din inegalitatea BT>r_{a2}, şi se exprimă cu relaţiile (6).

$$\begin{cases} \dfrac{m}{2} \cdot (z_1 + z_2) \cdot \sin \dfrac{\pi}{k} > \dfrac{m}{2} \cdot (z_2 + 2) \\\\ (z_1 + z_2) \cdot \sin \dfrac{\pi}{k} > (z_2 + 2) \\\\ z_1 > \dfrac{z_2 \cdot \left(1 - \sin \dfrac{\pi}{k}\right) + 2}{\sin \dfrac{\pi}{k}} \end{cases} \quad (6)$$

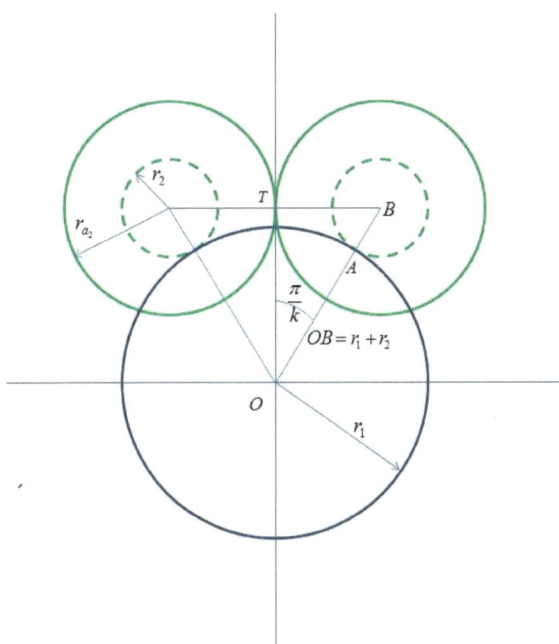

Fig. 2. *Condiţia de vecinătate*

Relaţiile de calcul reunite pentru toate cele patru condiţii se recapitulează în sistemul (7).

91

$$\begin{cases} z_3 - z_1 = z_2 - z_{2'} \\ z_1 \cdot z_{2'} = (1 - i_{3H}) \cdot z_2 \cdot z_3 \Rightarrow z_1 \cdot z_{2'} = C \cdot z_2 \cdot z_3; \quad C = 1 - i_{3H} \\ \rule{6cm}{0.4pt} \\ z_1 = k \cdot N_1; \quad z_3 = k \cdot N_2; \quad z_3 - z_1 = k \cdot N_3; \quad z_3 + z_1 = k \cdot N_4 \\ \rule{6cm}{0.4pt} \\ z_1 > \dfrac{z_2 \cdot \left(1 - \sin \dfrac{\pi}{k}\right) + 2}{\sin \dfrac{\pi}{k}} \end{cases} \quad (7)$$

Modul de lucru:

Se scriu relaţiile de calcul de iniţiere (8):
$$\begin{cases} z_2 = z_1 \cdot \dfrac{z_3 - z_1}{z_1 - C \cdot z_3} \\ z_{2'} = C \cdot z_3 \cdot \dfrac{z_3 - z_1}{z_1 - C \cdot z_3} \end{cases} \quad (8)$$

- Se dau: k şi i_{H3}. Se calculează imediat: i_{3H} şi C.

- Se aleg z_1 şi z_3 astfel încât ambele să fie mai mari sau cel mult egale cu z_{min} pentru a se respecta automat condiţia de evitare a interferenţei (z_{min}=18), dar şi cele patru condiţii de angrenare simultană.

- Se calculează cu (8) z_2 şi $z_{2'}$. Dacă ambele sunt exact numere întregi, se mai verifică şi condiţia de vecinătate şi dacă şi aceasta e OK se opreşte procesul.

Dacă z_2 şi/sau $z_{2'}$ nu sunt exact numere întregi, atunci ele se rotunjesc la valoarea naturală cea mai apropiată, obţinând $z_2^*, z_{2'}^*$, cu care se recalculează raportul de transmitere impus, i_{H3}^*, folosind relaţia (9).

$$i_{H3}^* = \dfrac{z_2^* \cdot z_3}{z_2^* \cdot z_3 - z_1 \cdot z_{2'}^*} \quad (9)$$

Dacă i_{H3}^* nu depăşeşte i_{H3} cu plus sau minus circa şase-şapte procente atunci calculele sunt OK şi sinteza se încheie; în caz contrar, se reia tot procesul de la capăt cu o altă pereche de dinţi z_1, z_3.

Datele culese la ieşire vor fi: i_{H3}^*, z_1, z_3, z_2^*, $z_{2'}^*$.

CAP. XXIII ECHILIBRĂRI STATICE ŞI DINAMICE

1. ECHILIBRAREA UNUI MOTOR ÎN LINIE CU UN DECALAJ AL MANIVELEI DE 180 [DEG]

Motoarele termice cu ardere internă în linie (fie că lucrează în patru timpi, ori în doi timpi, motoare de tip Otto, Diesel, sau Lenoir) sunt în general cele mai utilizate.

Problema echilibrării lor este una extrem de importantă pentru buna lor funcţionare.

Există două tipuri de echilibrări posibile: statice şi dinamice.

Echilibrarea statică (totală) face ca suma forţelor inerţiale dintr-un mecanism să fie zero. Există însă şi echilibrări statice parţiale.

Echilibrarea dinamică înseamnă anularea tuturor momentelor (sarcinilor) inerţiale din mecanism.

Un tip constructiv de motoare în linie este cel cu decalajul dintre manivele de 180 grade sexazecimale.

La acest tip de motoare (indiferent de poziţionarea lor, care este cel mai adesea verticală) pentru doi cilindri motori avem o dezechilibrare statică parţială (altfel spus există o echilibrare statică parţială) şi o dezechilibrare dinamică.

În figura 1 este prezentată schema cinematică a unui astfel de mecanism de la un motor în linie cu doi cilindri, cu decalajul manivelei de 180 [deg].

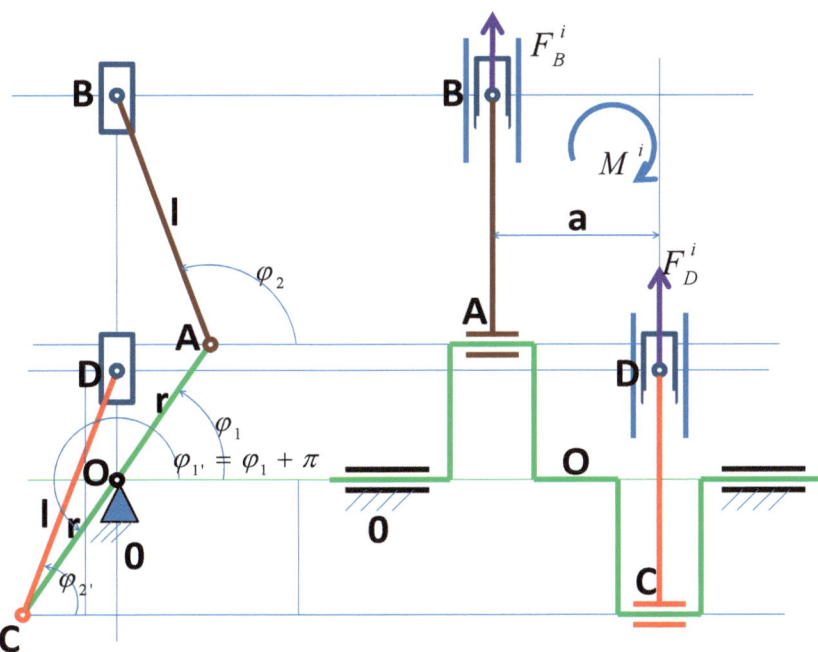

Fig. 1. *Schema cinematică a unui motor în linie cu doi cilindri verticali, cu decalajul manivelei de 180 [deg]*

Putem scrie relaţiile (1).

$$\begin{cases} s_B = r \cdot \sin \varphi_1 + l \cdot \sin \varphi_2; \quad \ddot{s}_B = -r \cdot \sin \varphi_1 \cdot \omega_1^2 - l \cdot \sin \varphi_2 \cdot \omega_2^2 \\ F = F_B^i = -m_p \cdot \ddot{s}_B = m_p \cdot r \cdot \sin \varphi_1 \cdot \omega_1^2 + m_p \cdot l \cdot \sin \varphi_2 \cdot \omega_2^2 \\ \\ \sin(\varphi_1 + \pi) = -\sin \varphi_1; \quad \sin \varphi_{2'} = \sin \varphi_2 \\ s_D = r \cdot \sin(\varphi_1 + \pi) + l \cdot \sin \varphi_{2'} \\ \ddot{s}_D = -r \cdot \sin(\varphi_1 + \pi) \cdot \omega_1^2 - l \cdot \sin \varphi_{2'} \cdot \omega_2^2 = \\ = r \cdot \sin \varphi_1 \cdot \omega_1^2 - l \cdot \sin \varphi_2 \cdot \omega_2^2 \\ F_D^i = -m_p \cdot \ddot{s}_D = -m_p \cdot r \cdot \sin \varphi_1 \cdot \omega_1^2 + m_p \cdot l \cdot \sin \varphi_2 \cdot \omega_2^2 \\ M^i = a \cdot m_p \cdot r \cdot \sin \varphi_1 \cdot \omega_1^2 \end{cases} \quad (1)$$

Părţile din relaţiile forţelor F_B^i si F_D^i care sunt egale în modul dar au semne contrare se anulează reciproc producând o echilibrare statică (parţială) a motorului. Celelalte două părţi din expresiile forţelor care au acelaşi semn, deşi sunt egale nu se anulează reciproc ci dimpotrivă se adună, producând o dezechilibrare statică (parţială) a motorului.

Pe de altă parte părţile egale pozitive din cele două forţe nu dau moment deci produc o echilibrare dinamică (parţială) a motorului. În schimb tocmai părţile din cele două forţe care sunt egale în modul dar au semne contrare, deşi se anulează ca forţe (static), dau un moment (o sarcină) negativă care dezechilibrează (parţial) dinamic motorul.

Soluţia adoptată pentru echilibrarea totală dinamică a unui astfel de motor este cea a dublării motorului în oglindă, astfel încât să se obţină un motor în linie decalat la manivele cu 180 [deg] în patru cilindri.

2. ECHILIBRAREA UNUI MOTOR ÎN LINIE CU UN DECALAJ AL MANIVELEI DE 120 [DEG]

Un alt tip constructiv de motoare în linie este cel cu decalajul dintre manivele de 120 grade sexazecimale.

La acest tip de motoare (indiferent de poziţionarea lor, care este cel mai adesea verticală) pentru trei cilindri motori avem o dezechilibrare statică parţială (altfel spus există o echilibrare statică parţială) şi o dezechilibrare dinamică.

În figura 1 este prezentată schema cinematică a unui astfel de mecanism de la un motor în linie cu trei cilindri, cu decalajul manivelei de 120 [deg].

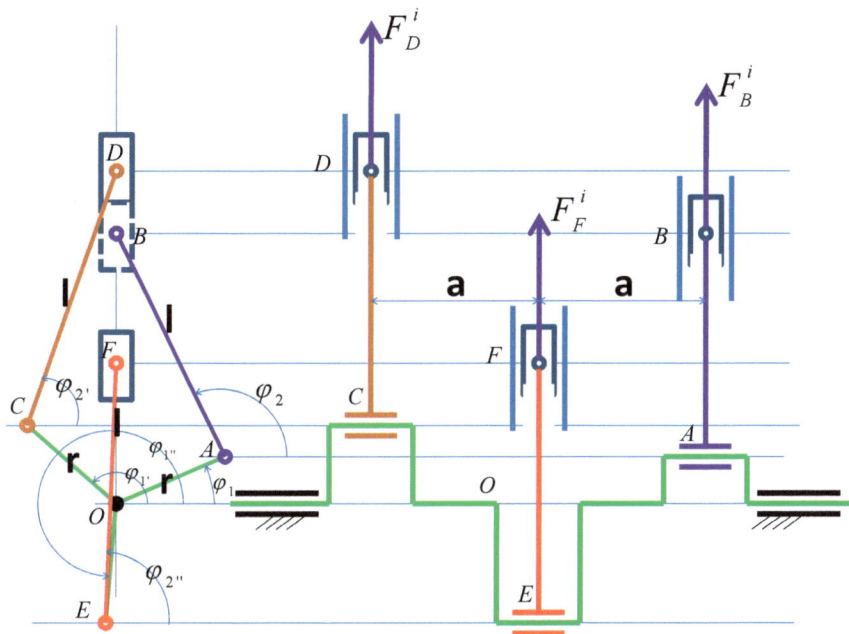

Fig. 1. Schema cinematică a unui motor în linie cu trei cilindri verticali, cu decalajul manivelei de 120 [deg]

Putem scrie relaţiile (1).

Prima componentă a forţei F_B^i se anulează cu prima componentă a celorlalte două forţe F_D^i şi F_F^i, deci se produce o echilibrare statică (parţială), dar aceste prime componente dau un moment dinamic, deci avem deja o dezechilibrare dinamică.

A doua componentă a forţei F_D^i este egală şi de semn contrar celei de-a doua componente a forţei F_F^i, ele anulându-se reciproc, şi generând astfel tot o echilibrare statică (parţială) suplimentară, dar producând şi un moment dinamic suplimentar, care produce o dezechilibrare dinamică suplimentară.

A doua componentă a forţei F_B^i se adună cu cea de-a treia componentă a celorlalte două forţe F_D^i şi F_F^i.

Ele produc o dezechilibrare statică, şi dau şi un moment dinamic producând totodată şi o dezechilibrare dinamică.

95

$$\begin{cases} s_B = r \cdot \sin \varphi_1 + l \cdot \sin \varphi_2; \quad \ddot{s}_B = -r \cdot \sin \varphi_1 \cdot \omega_1^2 - l \cdot \sin \varphi_2 \cdot \omega_2^2 \\ F = F_B^i = -m_p \cdot \ddot{s}_B = m_p \cdot r \cdot \sin \varphi_1 \cdot \omega_1^2 + m_p \cdot l \cdot \sin \varphi_2 \cdot \omega_2^2 \\ \\ s_D = r \cdot \sin \left(\varphi_1 + \dfrac{2\pi}{3} \right) + l \cdot \sin \varphi_{2'} \\ \\ \ddot{s}_D = -r \cdot \sin \left(\varphi_1 + \dfrac{2\pi}{3} \right) \cdot \omega_1^2 - l \cdot \sin \varphi_{2'} \cdot \omega_2^2 = \\ = 0.5 \cdot r \cdot \sin \varphi_1 \cdot \omega_1^2 - 0.866 \cdot r \cdot \cos \varphi_1 \cdot \omega_1^2 - l \cdot \sin \varphi_{2'} \cdot \omega_2^2 \\ F_D^i = -m_p \cdot \ddot{s}_D = -0.5 \cdot m_p \cdot r \cdot \sin \varphi_1 \cdot \omega_1^2 + \\ + 0.866 \cdot m_p \cdot r \cdot \cos \varphi_1 \cdot \omega_1^2 + m_p \cdot l \cdot \sin \varphi_{2'} \cdot \omega_2^2 \\ \\ s_F = r \cdot \sin \left(\varphi_1 - \dfrac{2\pi}{3} \right) + l \cdot \sin \varphi_{2''} \\ \\ \ddot{s}_F = -r \cdot \sin \left(\varphi_1 - \dfrac{2\pi}{3} \right) \cdot \omega_1^2 - l \cdot \sin \varphi_{2''} \cdot \omega_2^2 = \\ = 0.5 \cdot r \cdot \sin \varphi_1 \cdot \omega_1^2 + 0.866 \cdot r \cdot \cos \varphi_1 \cdot \omega_1^2 - l \cdot \sin \varphi_{2''} \cdot \omega_2^2 \\ F_F^i = -m_p \cdot \ddot{s}_F = -0.5 \cdot m_p \cdot r \cdot \sin \varphi_1 \cdot \omega_1^2 - \\ -0.866 \cdot m_p \cdot r \cdot \cos \varphi_1 \cdot \omega_1^2 + m_p \cdot l \cdot \sin \varphi_{2''} \cdot \omega_2^2 \end{cases} \quad (1)$$

Adoptând soluția unui motor dublat simetric, în oglindă, (un motor cu șase cilindri în linie cu manivele decalate la 120 [deg]) reușim o echilibrare dinamică totală (o anulare a tuturor momentelor date de forțele de inerție), și o echilibrare statică (parțială) a două treimi din forțele inerțiale totale, echilibrare care oricum este superioară celei de la motoarele în linie cu un decalaj (defazaj) al manivelelor de 180 [deg].

Observații:

Construind în mod similar motoare în linie, cu mai mulți cilindri, având decalajele la manivelă tot mai mici, se obțin prin dublarea numărului de cilindri în oglindă, motoare liniare echilibrate dinamic total, și static parțial din ce în ce mai bine.

Astfel la un motor liniar cu cinci cilindri cu decalajul dintre manivele de 720/5=72 [deg], se obține o echilibrare statică parțială superioară, iar prin dublarea motorului simetric, în oglindă, construind un motor liniar cu zece cilindri, se obține o echilibrare statică parțială superioară, și una dinamică totală.

Și tot așa, dar deja cerințele constructive și tehnologice devin apoi tot mai dificile.

La motoarele în V nu se poate realiza nici o echilibrare statică totală, dar nici măcar una dinamică totală.

Pentru o ameliorare a dinamicii acestor motoare de randamente superioare, vezi cinematica dinamică şi condiţiile de alegere a unghiului alpha constructiv, de la paragraful (2.5.).

Soluţia cea mai completă de echilibrare a unui motor termic cu ardere internă este cea cu cilindri în linie opuşi (boxeri). Pentru doi cilindri opuşi se obţine o echilibrare statică totală (a forţelor de inerţie), iar prin dublarea constructivă, simetric, în oglindă, a numărului de cilindri, pentru un motor boxer cu patru cilindri, opuşi doi câte doi, se obţine şi echilibrarea dinamică totală (a momentelor date de forţele inerţiale) împreună cu echilibrarea statică totală.

3. ECHILIBRAREA UNUI MOTOR ÎN LINIE CU CILINDRI OPUŞI (BOXERI)

Un alt tip constructiv de motoare în linie este cel cu cilindri opuşi, denumiţi cilindri „boxeri".

La acest tip de motoare (indiferent de poziţionarea lor, care este cel mai adesea verticală) pentru doi cilindri motori avem o echilibrare statică totală şi o dezechilibrare dinamică.

În figura 1 este prezentată schema cinematică a unui astfel de mecanism de la un motor în linie cu doi cilindri opuşi (boxeri).

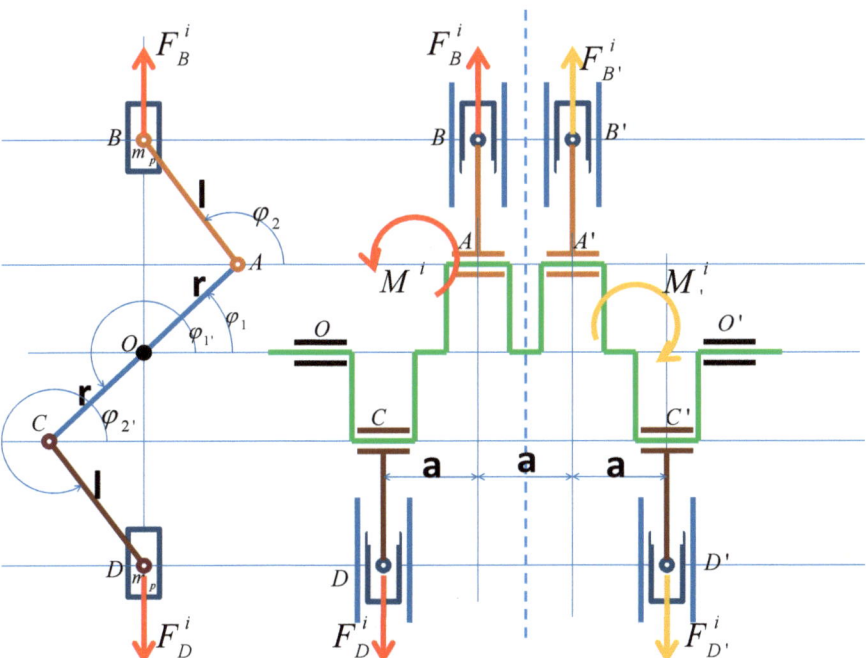

Fig. 1. *Schema cinematică a unui motor în linie cu doi cilindri opuşi (boxeri), dublat apoi în oglindă se obţine un motor termic cu ardere internă cu patru cilindri opuşi doi câte doi*

Relaţiile de calcul sunt prezentate în sistemul (1).

$$\begin{cases} s_B = r \cdot \sin \varphi_1 + l \cdot \sin \varphi_2; \quad \ddot{s}_B = -r \cdot \sin \varphi_1 \cdot \omega_1^2 - l \cdot \sin \varphi_2 \cdot \omega_2^2 \\ F = F_B^i = -m_p \cdot \ddot{s}_B = m_p \cdot r \cdot \sin \varphi_1 \cdot \omega_1^2 + m_p \cdot l \cdot \sin \varphi_2 \cdot \omega_2^2 \\ \\ \sin(\varphi_1 + \pi) = -\sin \varphi_1; \quad \sin(\varphi_2 + \pi) = -\sin \varphi_2 \\ s_D = r \cdot \sin(\varphi_1 + \pi) + l \cdot \sin(\varphi_2 + \pi) \\ \ddot{s}_D = -r \cdot \sin(\varphi_1 + \pi) \cdot \omega_1^2 - l \cdot \sin(\varphi_2 + \pi) \cdot \omega_2^2 = \\ = r \cdot \sin \varphi_1 \cdot \omega_1^2 + l \cdot \sin \varphi_2 \cdot \omega_2^2 = -\ddot{s}_B \\ F_D^i = -m_p \cdot \ddot{s}_D = m_p \cdot \ddot{s}_B = -F_B^i = -F = \\ = -m_p \cdot r \cdot \sin \varphi_1 \cdot \omega_1^2 - m_p \cdot l \cdot \sin \varphi_2 \cdot \omega_2^2 \\ \\ F_D^i + F_B^i = 0 \quad dar \quad M^i \neq 0 \quad M^i = a \cdot F_B^i = -a \cdot m_p \cdot \ddot{s}_B \Rightarrow \\ \Rightarrow M^i = a \cdot m_p \cdot r \cdot \sin \varphi_1 \cdot \omega_1^2 + a \cdot m_p \cdot l \cdot \sin \varphi_2 \cdot \omega_2^2 \\ \\ La \ \ motorul \ \ dublat \ \ in \ \ oglinda \ \ avem: \\ \sum F^i = 0 \\ \sum M^i = 0 \end{cases} \quad (1)$$

Acest tip de motor cu doi cilindri boxeri este echilibrat static total (face ca suma forțelor de inerție să se anuleze).

El este dezechilibrat doar dinamic (are un moment inerțial diferit de zero), dar poate fi echilibrat și dinamic prin adăugarea a încă doi cilindri (prin simetrizarea în oglindă) boxeri (vezi figura 1).

Deși pare să aibă un gabarit mai mare, totuși la numai patru cilindri (opuși doi câte doi) acest tip de motor termic cu ardere internă este echilibrat practic total atât static cât și dinamic.

Primul inginer care a patentat un motor boxer a fost germanul Karl Benz, care a prezentat un astfel de brevet al unui motor boxer (vezi figura 2) în anul 1896.

În 1923 Max Friz proiectează și construiește un motor BMW boxer de 500 cc, care se mai produce și utilizează și astăzi, datorită puterii sale, a consumului său redus și mai ales echilibrării statice și dinamice totale.

Mai utilizează motoare boxer concernul german Volkswagen, evident concernul german BMW, cel francez Citroen, divizia Chevrolet a concernului american GM (divizie creată în america de elvețianul Louis Chevrolet în 30-mai-1911, împreună cu William Durant, deținătorul companiei Buick din cadrul concernului General Motors), diviziile Lancia și Ferrari din cadrul concernului italian FIAT, concernele nipone Honda și Subaru, cât și fostul concern german Porsche, actualmente el fiind o divizie majoră în cadrul megaconcernului german VW.

Fig. 2. *Schema cinematică a unui motor în linie cu doi cilindri opuşi (boxeri), patentat pentru prima oară în 1896, de inginerul german Karl Benz*

Un motor tot cu echilibrare totală statică şi dinamică similar oarecum boxerului, este motorul termic cu ardere internă cu cilindri opuşi (cu pistoane opuse; vezi figura 3).

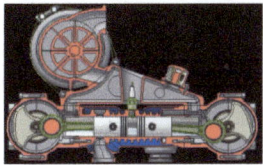

Fig. 3. *Schema cinematică a unui motor cu doi cilindri opuşi*

4. ECHILIBRAREA MASELOR CONCENTRATE ÎN MIŞCARE DE ROTAŢIE

Un alt tip de echilibrare este cel al maselor concentrate aflate în mişcare de rotaţie.

Se consideră mai multe mase prinse de un arbore aflat în mişcare de rotaţie.

Masele se rotesc şi ele odată cu arborele. Pot fi mase punctiforme, sfere, corpuri, etc, oricum vom considera nişte sfere fiecare din ele având masa concentrată în centrul de greutate, conform figurii 1.

Masele sunt prinse de arborele aflat în mişcare de rotaţie prin diverşi suporţi, dar teoria va considera doar distanţele de la centrul fiecărei sfere până la axa arborelui. Punctele în care cad perpendicularele duse de la centrul fiecărei sfere la axa arborelui se notează cu 1, 2, 3, ...i, ... n.

Prin aceste picioare se duc paralele la axa absciselor, de la care se măsoară unghiurile pe care le fac distanţele respective în raport cu axele orizontale. Se măsoară şi distanţele acestor puncte măsurate pe axa de rotaţie faţă de originea O a sistemului cartezian xOyz (vezi figura 1).

$$\begin{cases} \sum_{j=1}^{n} \left(F_j^i \cdot b_j \cdot \sin \varphi_j \right) + F_{II}^i \cdot b \cdot \sin \varphi_{II} = 0 \\ \sum_{j=1}^{n} \left(F_j^i \cdot b_j \cdot \cos \varphi_j \right) + F_{II}^i \cdot b \cdot \cos \varphi_{II} = 0 \\ \sum_{j=1}^{n} \left[F_j^i \cdot (b - b_j) \cdot \sin \varphi_j \right] + F_I^i \cdot b \cdot \sin \varphi_I = 0 \\ \sum_{j=1}^{n} \left[F_j^i \cdot (b - b_j) \cdot \cos \varphi_j \right] + F_I^i \cdot b \cdot \cos \varphi_I = 0 \end{cases} \quad (1)$$

Se scriu sumele momentelor date de forţele de inerţie ale maselor concentrate în raport cu axele Ox, Oy, O'x', respectiv O'y' (sistemul 1).

Rezolvarea sistemului (1) se face cu formulele date de sistemul (2) (altfel spus soluţiile sistemului 1 sunt date de sistemul 2).

$$\begin{cases}
F_I^i = \frac{1}{b} \cdot \sqrt{\left\{\sum_{j=1}^{n}\left[F_j^i(b-b_j)\sin\varphi_j\right]\right\}^2 + \left\{\sum_{j=1}^{n}\left[F_j^i(b-b_j)\cos\varphi_j\right]\right\}^2} \\[2mm]
F_{II}^i = \frac{1}{b} \cdot \sqrt{\left[\sum_{j=1}^{n}\left(F_j^i \cdot b_j \cdot \sin\varphi_j\right)\right]^2 + \left[\sum_{j=1}^{n}\left(F_j^i \cdot b_j \cdot \cos\varphi_j\right)\right]^2} \\[2mm]
\sin\varphi_I = -\dfrac{\sum_{j=1}^{n}\left[F_j^i \cdot (b-b_j)\cdot \sin\varphi_j\right]}{F_I^i \cdot b}; \quad \cos\varphi_I = -\dfrac{\sum_{j=1}^{n}\left[F_j^i \cdot (b-b_j)\cdot \cos\varphi_j\right]}{F_I^i \cdot b} \\[2mm]
\varphi_I = semn\,(\sin\varphi_I)\cdot \arccos(\cos\varphi_I) \\[2mm]
\sin\varphi_{II} = -\dfrac{\sum_{j=1}^{n}\left(F_j^i \cdot b_j \cdot \sin\varphi_j\right)}{F_{II}^i \cdot b}; \quad \cos\varphi_{II} = -\dfrac{\sum_{j=1}^{n}\left(F_j^i \cdot b_j \cdot \cos\varphi_j\right)}{F_{II}^i \cdot b} \\[2mm]
\varphi_{II} = semn\,(\sin\varphi_{II})\cdot \arccos(\cos\varphi_{II})
\end{cases} \quad (2)$$

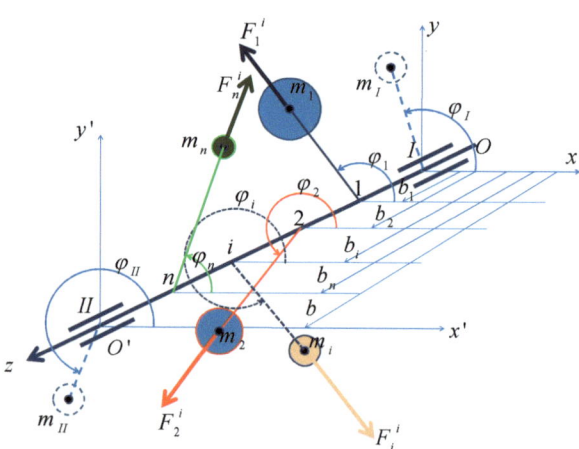

Fig. 1. *Mase rotative concentrate într-un punct*

Similar cu modelul maselor concentrate aflate în mişcare de rotaţie, se rezolvă şi echilibrarea arborilor aflaţi în mişcare de rotaţie.

Bibliografie

[1] **Antonescu P.**, *Mecanisme, calculul structural şi cinematic*, Editura IPB, Bucureşti, 1979.

[2] **Artobolevski, I.I.**, *Teoria mecanismelor şi a maşinilor*, Proceedings of 8th Editura Ştiinţa, Chişinău, 1992.

[3] **Pelecudi, Chr., ş.a.**, Mecanisme, Editura Didactică şi Pedagogică, Bucureşti, 1985.

CAP. XXIV
DETERMINAREA MOMENTELOR DE INERŢIE MASICE (MECANICE)

La începutul acestui capitol se vor prezenta formulele pentru calcularea momentelor de inerţie masice sau mecanice pentru diferite corpuri (diverse forme geometrice), faţă de anumite axe importante indicate (ca fiind axa de calcul).

Se notează cu M masa totală a corpului la care se determină momentul de inerţie mecanic (masic). Formulele de calcul vor fi afişate în cadrul figurii respective.

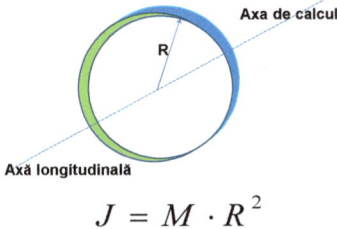

$$J = M \cdot R^2$$

Fig. 1. *Momentul de inerţie masic la un inel, determinat în jurul axei longitudinale a inelului*

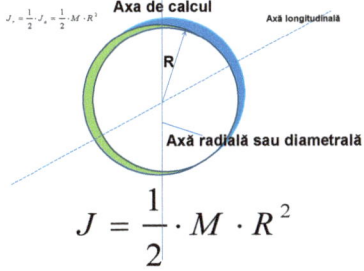

$$J = \frac{1}{2} \cdot M \cdot R^2$$

Fig. 2. *Momentul de inerţie masic la un inel, determinat în jurul unei axe radiale sau diametrale a inelului*

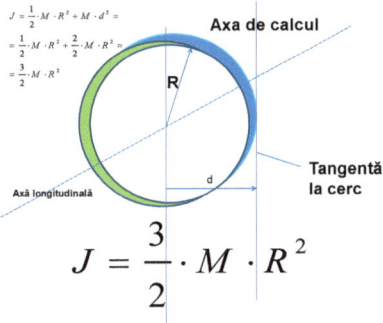

$$J = \frac{3}{2} \cdot M \cdot R^2$$

Fig. 3. *Momentul de inerţie masic la un inel, determinat în jurul unei axe tangente la cercul inelului*

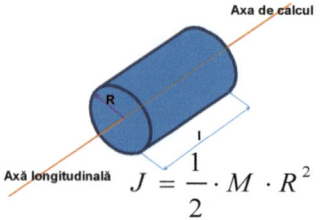

Fig. 4. *Momentul de inerție masic la un cilindru sau la un disc, determinat în jurul axei longitudinale a cilindrului sau a discului*

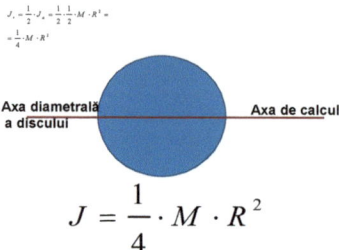

Fig. 5. *Momentul de inerție masic la un disc, determinat în jurul axei diametrale sau radiale a discului*

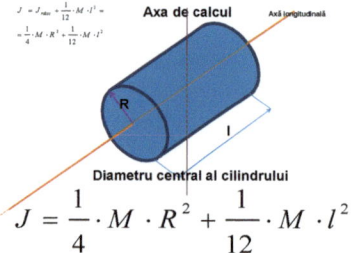

Fig. 6. *Momentul de inerție masic la un cilindru, determinat în jurul unei axe diametrale centrale (în jurul unui diametru central)*

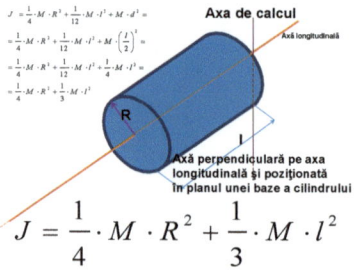

Fig. 7. *Momentul de inerție masic la un cilindru, determinat în jurul unei axe situate în planul de capăt al cilindrului (pe o bază a cilindrului), perpendicular pe axa longitudinală*

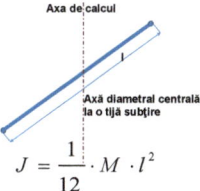

$$J = \frac{1}{12} \cdot M \cdot l^2$$

Fig. 8. Momentul de inerție masic la o tijă subțire, determinat în jurul unei axe ce trece printr-un diametru central al tijei

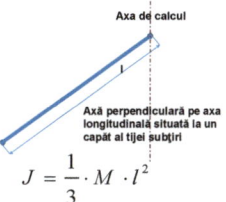

$$J = \frac{1}{3} \cdot M \cdot l^2$$

Fig. 9. Momentul de inerție masic la o tijă subțire, determinat în jurul unei axe situată în unul din capetele tijei perpendicular pe axa longitudinală a tijei

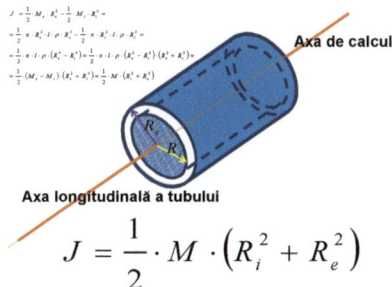

$$J = \frac{1}{2} \cdot M \cdot \left(R_i^2 + R_e^2 \right)$$

Fig. 10. Momentul de inerție masic la un tub (sau țeavă, sau coroană circulară), determinat în jurul axei longitudinale

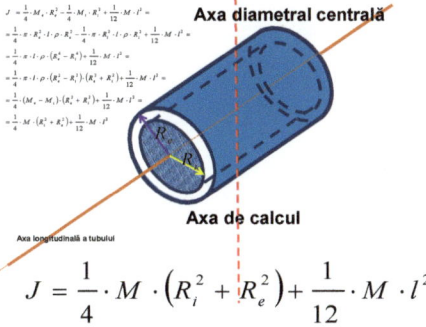

$$J = \frac{1}{4} \cdot M \cdot \left(R_i^2 + R_e^2 \right) + \frac{1}{12} \cdot M \cdot l^2$$

Fig. 11. Momentul de inerție masic la un tub (sau țeavă, sau coroană circulară), determinat în jurul axei diametral centrale

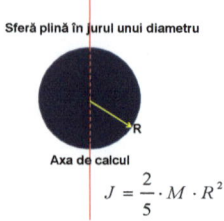

Fig. 12. *Momentul de inerție masic la o sferă plină, determinat în jurul unui diametru*

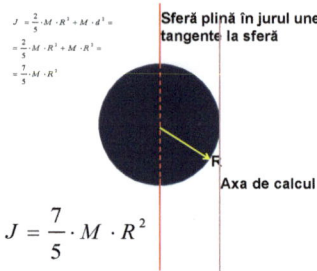

Fig. 13. *Momentul de inerție masic la o sferă plină, determinat în jurul unei axe tangente la sferă*

CAP. XXV DETERMINAREA MOMENTULUI DE INERŢIE MASIC AL VOLANTULUI (J_v)

Mersul uniform al unei maşini este caracterizat prin gradul de neuniformitate (neregularitate) δ, definit de relaţia (1):

$$\delta = \frac{\omega_{max} - \omega_{min}}{\omega_{med}} \qquad (1)$$

Viteza unghiulară medie se exprimă prin relaţia (2).

$$\omega_{med} = \frac{\omega_{max} + \omega_{min}}{2} \qquad (2)$$

Din relaţiile (1) şi (2) se pot explicita vitezele unghiulare maximă şi minimă (3).

$$\begin{cases} \omega_{max} = \omega_{med} \cdot \left(1 + \frac{\delta}{2}\right); & \omega_{min} = \omega_{med} \cdot \left(1 - \frac{\delta}{2}\right) \end{cases} \qquad (3)$$

Relaţiile sistemului (3) se ridică la pătrat şi se obţine sistemul relaţional (4).

$$\begin{cases} \omega_{max}^2 = \omega_m^2 \cdot \left(1 + \frac{\delta}{2}\right)^2 = \omega_m^2 \cdot \left(1 + \frac{\delta^2}{4} + \delta\right) \\ \omega_{min}^2 = \omega_m^2 \cdot \left(1 - \frac{\delta}{2}\right)^2 = \omega_m^2 \cdot \left(1 + \frac{\delta^2}{4} - \delta\right) \end{cases} \qquad (4)$$

Momentul de inerţie masic (al întregului mecanism) redus la manivelă (redus la elementul conducător) J^*, se compune în mod obijnuit dintr-un moment inerţial masic constant J_0, şi unul variabil J, la care se mai poate adăuga eventual şi un moment inerţial masic suplimentar J_v, al unui volant, care are rolul de a micşora gradul de neuniformitate al mecanismului şi implicit al maşinii (vezi relaţia 5). Cu cât creşte J_v cu atât mai mult scade δ.

$$J^* = J_0 + J_v + J \qquad (5)$$

Din conservarea energiei totale pentru întregul mecanism (în general fiind vorba numai de energia cinetică, atâta timp cât nu se iau în considerare şi deformaţiile elastice, considerându-se doar mecanica de bază a solidului rigid), se pot scrie relaţiile (6).

$$\begin{cases} \frac{1}{2} \cdot J_m^* \cdot \omega_m^2 = \frac{1}{2} \cdot J_{max}^* \cdot \omega_{min}^2 = \frac{1}{2} \cdot J_{min}^* \cdot \omega_{max}^2 = \frac{1}{2} \cdot J^* \cdot \omega^2 \\ J_m^* \cdot \omega_m^2 = J_{max}^* \cdot \omega_{min}^2 = J_{min}^* \cdot \omega_{max}^2 = J^* \cdot \omega^2 \end{cases} \qquad (6)$$

Din (6) reţinem pentru moment doar relaţia (7), care se dezvoltă conform expresiei (5) sub forma (8).

$$J_{max}^* \cdot \omega_{min}^2 = J_{min}^* \cdot \omega_{max}^2 \qquad (7)$$

$$(J_0 + J_v + J_{max}) \cdot \omega_{min}^2 = (J_0 + J_v + J_{min}) \cdot \omega_{max}^2 \qquad (8)$$

unde J_{max} şi J_{min} reprezintă maximul respectiv minimul lui J din expresia (5).

Se explicitează J_v din (8) şi se obţine expresia (9).

$$J_v = \frac{J_0 \cdot (\omega_{min}^2 - \omega_{max}^2) + J_{max} \cdot \omega_{min}^2 - J_{min} \cdot \omega_{max}^2}{(\omega_{max}^2 - \omega_{min}^2)} \qquad (9)$$

Utilizând expresiile (4) relaţia (9) capătă forma (10).

$$J_v = -J_0 + \frac{J_{max} \cdot \left(1 - \frac{\delta}{2}\right)^2 - J_{min} \cdot \left(1 + \frac{\delta}{2}\right)^2}{\left(1 + \frac{\delta}{2}\right)^2 - \left(1 - \frac{\delta}{2}\right)^2} \qquad (10)$$

Relaţia (10) se reduce la forma (11) prin prelucrarea numitorului, şi la forma (12) dacă prelucrăm şi numărătorul.

$$J_v = -J_0 + \frac{J_{max} \cdot \left(1 - \frac{\delta}{2}\right)^2 - J_{min} \cdot \left(1 + \frac{\delta}{2}\right)^2}{2 \cdot \delta} \qquad (11)$$

$$J_v = -J_0 - J_m + \frac{J_{max} - J_{min}}{2} \cdot \left(\frac{1}{\delta} + \frac{\delta}{4}\right) \qquad (12)$$

unde $J_m = \dfrac{J_{max} + J_{min}}{2}$, iar maximul şi minimul se găsesc prin anularea derivatei lui J (scos din 5) în raport cu variabila φ.

Cunoscând δ maxim admis se calculează cu relaţia (12) momentul de inerţie masic minim necesar al volantului J_v.

Bibliografie
[1] **Pelecudi, Chr., ş.a.**, Mecanisme, Editura Didactică şi Pedagogică, Bucureşti, 1985.

CAP. XXVI ANALIZA CINEMATICĂ A MECANISMULUI ARTICULAȚIEI UNIVERSALE SIMPLE

Considerații generale:

Mecanismul articulației universale simple, numit și cuplaj cardanic, este utilizat pentru transmiterea mișcării de rotație între doi arbori, ale căror axe sunt concurente (sau în prelungire), având și rolul de a prelua abaterile unghiulare ale axelor arborilor.

Elementele cinematice rigidizate cu cei doi arbori sunt în formă de furcă, ele reprezentând elementul conducător 1 și elementul condus 2. Cele două elemente sunt articulate la un element intermediar 3 constituit din două brațe rigide și perpendiculare între ele.

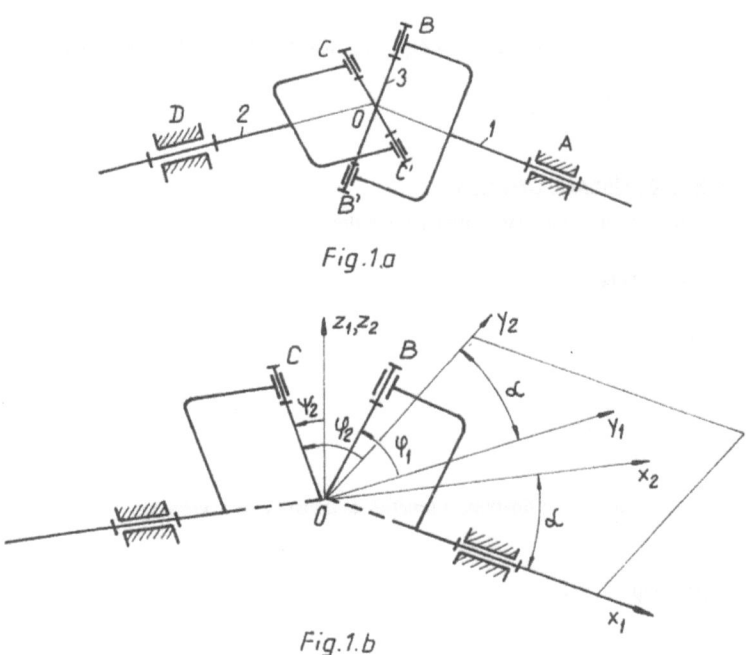

Fig.1.a

Fig.1.b

Axele cuplelor de rotație sunt concurente în punctul O=S (figura 1a) astfel încât mecanismul este unul sferic. Furca conducătoare este poziționată prin parametrul φ_1, iar furca condusă este poziționată prin parametrul $\varphi_2=\psi_2$ (figura 1b). Axele arborilor de intrare și de ieșire, sunt dispuse sub unghiul α, numit unghi de încrucișare. Pentru $\alpha=0$, mecanismul este sincron, adică mișcarea la ieșire este identică cu cea de intrare. Pentru $\alpha \neq 0$, mecanismul are la ieșire o mișcare variabilă diferită oricum de mișcarea constantă de la intrare. Acest fapt produce dinamic și forțe inerțiale tangențiale. Ștandul de experimentare este prezentat în figura 2.

Obiectivul lucrării: Lucrarea are ca obiectiv principal determinarea funcțiilor de transmitere ale pozițiilor, vitezelor și accelerațiilor, în funcție și de unghiul de încrucișare α.

Determinări experimentale:

a) *Inițializarea parametrilor:* Pe cadranul r_1 se inițializează parametrul φ_1, (se pune pe zero; $\varphi_1=0$); pe cadranul r_2 se inițializează parametrul $\varphi_2=\psi_2$, ($\psi_2=0$); pe cadranul R_1 și R_2 se inițializează unghiul de încrucișare α ($\alpha=0$).

b) **Verificarea sincronismului pentru α=0:** Pentru poziții discrete ale arborelui conducător, date de unghiul $\varphi_1 = k \cdot \Delta\varphi_1$ (cu $\Delta\varphi_1 = 15^0$) se măsoară unghiul $\varphi_2 = \psi_2$ la arborele condus și se verifică dacă $\psi_2 = \varphi_1$.

c) **Determinarea funcției de transmitere a pozițiilor.** Se reglează unghiul α la una din valorile α=20⁰; α=25⁰; α=30⁰; α=35⁰; α=40⁰ și pentru poziții discrete ale arborelui conducător date prin unghiul $\varphi_1 = k \cdot \Delta\varphi_1$, cu pasul $\Delta\varphi_1 = 15^0$, $\varphi_1 \in [0^0, 180^0]$ se determină valorile parametrului ψ_2^e (adică ψ_2 experimental).

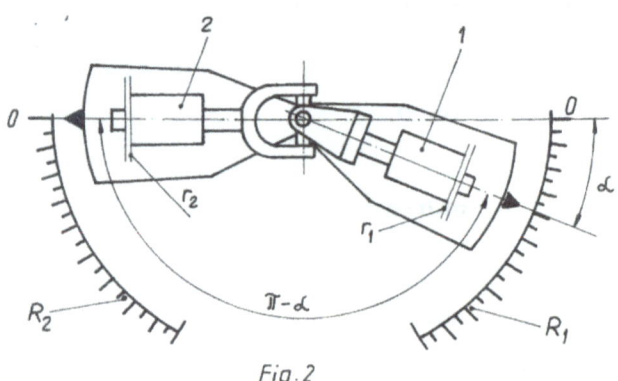

Fig. 2

Prelucrarea datelor experimentale:

a) Se calculează funcția de transmitere a pozițiilor cu relația:

$$\varphi_2^t \equiv \psi_2^t = arctg\left(\frac{tg\,\varphi_1}{\cos\alpha}\right)$$

b) Se calculează asincronismul pozițiilor cu relația:

$$\Delta\varphi = \varphi_2^t - \varphi_1 \equiv \psi_2^t - \varphi_1$$

c) Se calculează abaterile de fidelitate ale funcției de transmitere a pozițiilor, cu relația:

$$\Delta\psi = \psi_2^t - \psi_2^e$$

Se consideră $|\Delta\psi_{ad}| \leq 1^0$. Pentru $|\Delta\psi| > 1^0$ se impune repetarea experimentului pentru poziția respectivă.

d) **Funcția de transmitere a vitezelor se calculează cu următoarea relație:**

$$U_2 \equiv \psi_2' = \frac{\dot{\psi}_2}{\dot{\varphi}_1} \equiv \frac{\omega_2}{\omega_1} = \frac{\cos\alpha}{\cos^2\alpha \cdot \cos^2\varphi_1 + \sin^2\varphi_1}$$

Ea variază între limitele $U_{2\max} = \dfrac{1}{\cos\alpha}$ pentru $\varphi_1 = 0$ și

$U_{2\min} = \cos\alpha$ pentru $\varphi_1 = \dfrac{\pi}{2}$

e) **Funcția de transmitere a accelerațiilor se calculează cu relația:**

$$W_2 \equiv \psi_2'' = \frac{\ddot{\psi}_2}{\dot{\varphi}_1^2} \equiv \frac{\varepsilon_2}{\omega_1^2} = \frac{-\cos\alpha \cdot \sin^2\alpha \cdot \sin(2\varphi_1)}{\left(\cos^2\alpha \cdot \cos^2\varphi_1 + \sin^2\varphi_1\right)^2}$$

Valorile sunt înregistrate în tabelul 1.

Viteza unghiulară ω_2 și accelerația unghiulară ε_2 sunt determinate de funcțiile de transmitere U_2 respectiv W_2, conform relațiilor următoare:

$$\omega_2 = U_2 \cdot \omega_1 \qquad\qquad \varepsilon_2 = W_2 \cdot \omega_1^2 + U_2 \cdot \varepsilon_1$$

f) **Diagramele funcțiilor de transmitere:**
Semnificativ pentru mecanismul articulației universale simple este asincronismul, funcția de transmitere a vitezei și funcția de transmitere a accelerației. Se trasează diagramele:

$$\Delta\varphi(\varphi_1); \quad U_2(\varphi_1); \quad W_2(\varphi_1)$$

Și se stabilesc apoi valorile extreme pentru $\Delta\varphi$; U_2; W_2

g) **Gradul de neuniformitate δ:**
Gradul de neuniformitate depinde de de unghiul de încrucișare α și se determină cu relația:

$$\delta = \frac{\omega_{2\max} - \omega_{2\min}}{\omega_{2med}} = \frac{2 \cdot (\omega_{2\max} - \omega_{2\min})}{\omega_{2\max} + \omega_{2\min}} = \frac{2 \cdot \sin^2\alpha}{2 - \sin^2\alpha}$$

Și are valorile cuprinse între 0 și 2 $(0 \leq \delta \leq 2)$. Valoarea maximă $\delta_{\max} = 2$ corespunde unghiului de încrucișare de 90 [deg], iar valoarea minimă $\delta_{\min} = 0$ corespunde unghiului de încrucișare $\alpha = 0$.

Gradul de neuniformitate se calculează pentru unghiurile $\alpha = 0°, 10°, 20°, 30°, 40°$. Valorile sunt înregistrate în tabelul 2, după care se trasează diagrama $\delta(\alpha)$.

L A25	ANALIZA CINEMATICĂ A MECANISMULUI ARTICULAȚIEI UNIVERSALE SIMPLE	Student:	
		Grupa:	Data:

Tabelul 1

Poz. k	φ_1 [deg]	ψ_2^e [deg]	ψ_2^t [deg]	$\Delta\varphi$ [deg]	$\Delta\psi$ [deg]	U_2 [ ]	W_2 [ ]
\multicolumn{8}{|c|}{$\alpha = ...$ [deg]}							
0.							
1.							
2.							
3.							
4.							
5.							
6.							
7.							
8.							
9.							
10.							
11.							
12.							
Valori extreme		max.					
		min.					

Tabelul 2

α [deg]	0	10	20	30	40
δ [ ]					

CAP. XXVII INFLUENŢA ABATERILOR DE PLANEITATE A FURCILOR INTERMEDIARE LA MECANISMUL ARTICULAŢIEI UNIVERSALE DUBLE

Consideraţii generale:

Mecanismul articulaţiei universale DUBLE, numit şi cuplaj bicardanic, este format prin legarea în serie a două articulaţii universale simple (fig. 1). El are rolul de a transmite mişcarea între doi arbori ale căror axe sunt poziţionate spaţial, aleator, (fără paralelism sau concurenţă), într-o poziţie oarecare.

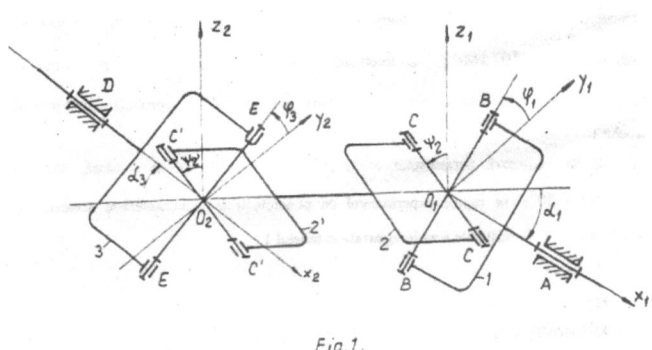

Fig.1.

Furca 1 este fixată pe arborele conducător, furca 3 este fixată pe arborele condus, iar furcile intermediare 2 şi 2' sunt coplanare (pentru sincronizarea mişcării de la intrare la ieşire). Furca condusă a primei articulaţii simple cu centrul în O1 este legată de furca conducătoare a celei de a doua articulaţii simple cu centrul în O2, printr-o legătură rigidă (sau o cuplă de translaţie formată din doi arbori canelaţi, unul cu caneluri exterioare iar celălalt cu caneluri interioare, care glisează unul pe celălalt). Abaterea de la planeitate a furcilor intermediare influenţează funcţia de transmitere a poziţiilor.

În condiţiile date, sincronismul mecanismului este condiţionat şi de egalitatea unghiurilor α_1 şi α_3. Pe standul de experimentare (fig. 2), poziţia furcii conducătoare este dată de unghiul φ_1 reperat pe cadranul r_1, iar poziţia furcii conduse este dată de unghiul φ_3 reperat pe cadranul r_3. Defazarea furcilor intermediare este dată de unghiul γ, reperat pe cadranul r_2.

Obiectivul lucrării:

Lucrarea are drept scop principal determinarea asincronismului mecanismului, cauzat de defazarea furcilor intermediare cu unghiul γ, în cazul când axele furcilor conducătoare şi condusă sunt paralele, dar dispuse faţă de axa centrelor sub diverse unghiuri identice $\alpha_1 = \alpha_3$.

Determinări experimentale:

a) Iniţializarea parametrilor

Axele furcilor conducătoare şi conduse sunt poziţionate sub unghiurile $\alpha_1 = \alpha_3 = 15^0$. Apoi se iniţializează parametrul φ_1 ($\varphi_1 = 0^0$) pe cadranul r_1, parametrul φ_3 ($\varphi_3 = 0^0$) pe cadranul r_3, şi parametrul γ ($\gamma = 0^0$) pe cadranul r_2.

b) Verificarea sincronismului mecanismului

Pentru poziţii discrete ale elementului conducător date de unghiul $\varphi_1 = k \cdot \Delta\varphi_1$ (unde $\Delta\varphi_1 = 15^0$) se măsoară unghiul φ_3 şi se verifică dacă $\varphi_3 = \varphi_1$.

c) Determinarea funcţiei de transmitere

Se realizează defazajul furcilor intermediare, prin unghiul γ, (γ=45⁰) și se inițializează parametrii φ₁=0⁰, φ₃=0⁰. Pentru valori discrete ale parametrului φ₁ obținute cu pasul $\Delta\varphi_1=15^0$, $\varphi_1\in[0^0, 180^0]$, se determină valorile parametrului φ_3^e. Experimentul se repetă apoi pentru γ=90⁰. Pentru cele două valori atribuite parametrului γ, rezultatele sunt înregistrate în tabelul 1.

d) Se realizează paralelismul axelor furcilor conducătoare și condusă, sub unghiurile $\alpha_1=\alpha_3=30^0$ și se repetă experimentul cu punctele b și c, considerând aceleași valori ale parametrului γ. Rezultatele se înregistrează în tabelul 1.

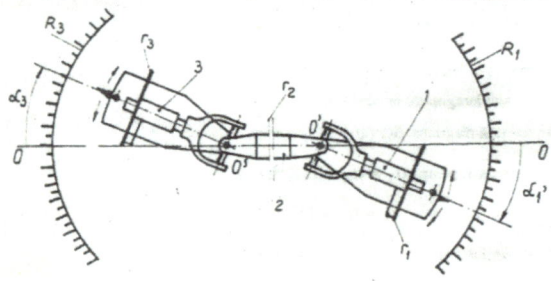

Fig.2.

Prelucrarea datelor experimentale:

a) Calculul funcției de transmitere a pozițiilor

Se calculează funcția de transmitere a pozițiilor, cu următoarea relație:

$$\varphi_3^t = arctg\left(\cos\alpha_3 \cdot \frac{tg\varphi_1 + \cos\alpha_1 \cdot tg\gamma}{\cos\alpha_1 - tg\varphi_1 \cdot tg\gamma}\right) - arctg\left(\cos\alpha_3 \cdot tg\gamma\right)$$

b) Asincronismul mecanismului

Se calculează asincronismul cu una din relațiile următoare:

$$\Delta\varphi_3 = \varphi_3^e - \varphi_1 \text{ sau } \Delta\varphi_3 = \varphi_3^t - \varphi_1$$

Unde $\varphi_3 = \varphi_3^e \quad sau \quad \varphi_3^t$

Valorile se înregistrează în tabelul 1.

c) Trasarea diagramei $\Delta \varphi$ (φ_1) în cele patru variante

- Varianta 1, pentru $\alpha_1=\alpha_3=15^0$, şi $\gamma=45^0$; - Varianta 2, pentru $\alpha_1=\alpha_3=15^0$, şi $\gamma=90^0$;
- Varianta 3, pentru $\alpha_1=\alpha_3=30^0$, şi $\gamma=45^0$; - Varianta 4, pentru $\alpha_1=\alpha_3=30^0$, şi $\gamma=90^0$;

L A26	INFLUENŢA ABATERILOR DE PLANEITATE A FURCILOR INTERMEDIARE LA MECANISMUL ARTICULAŢIEI UNIVERSALE DUBLE			Student:				
				Grupa:		Data:		
								Tabelul 1
α [deg]	φ_1 [deg]	$\gamma = 45^0$			$\gamma = 90^0$			
		φ_3^e [deg]	φ_3^t [deg]	$\Delta\varphi_3$ [deg]	φ_3^e [deg]	φ_3^t [deg]	$\Delta\varphi_3$ [deg]	
$\alpha_1 =$ $= \alpha_3 =$ $= 15^0$	0							
	15							
	30							
	45							
	60							
	75							
	90							
	105							
	120							
	135							
	150							
	165							
	180							
$\alpha_1 =$ $= \alpha_3 =$ $= 30^0$	0							
	15							
	30							
	45							
	60							
	75							
	90							
	105							
	120							
	135							
	150							
	165							
	180							

Bibliografie

1. Antonescu P., Mecanisme și manipulatoare, Editura Printech, Bucharest, 2000, p. 103-104.
2. Angeles J., s.a., An algorithm for inverse dynamics of n-axis general manipulator using Kane's equations, Computers Math. Applic, Vol.17, No.12, 1989.
3. Atkenson C., Chae H.A., Hollerbach J., Estimation of inertial parameters of manipulator load and links, Cambridge, Massachuesetts, MIT Press, 1986.
4. Avallone E.A., Baumeister T., Marks' Standard Handbook for Mechanical Engineers 10th Edition, McGraw-Hill, New York, 1996.
5. Baili M., Classification of 3R Ortogonal positioning manipulators. Technical report, University of Nantes, September 2003.
6. Baron L. and Angeles J., The on-line direct kinematics of parallel manipulators using joint-sensor redundancy. In ARK, Strobl, 29 Juin-4 Juillet, 1998, p. 127-136.
7. I. Bogdanov, Conducerea roboților. Editura Orizonturi Universitare Timisoara, 2009, ISBN 978-973-638-419-6.
8. Borrel P., Liegeois A., A study of manipulator inverse kinematic solutions with application to trajectory planning and workspace determination. In Prod. IEEE Int. Conf. Rob. and Aut., pp. 1180-1185, 1986.
9. Burdick J.W., Kinematic analysis and design of redundant manipulators. PhD Dissertation, Stanford, 1988.
10. C. Caleanu, V. Tiponut, Ivan Bogdanov, I. Lie, Emergent Behaviour Evolution in Collective Autonomous Mobile Robots. WSEAS International Conference on SYSTEMS, Heraklion, Crete Island, Greece, Iulie 22-24, 2008.
11. Carvalho, J.C.M, Ceccarelli, M., A Dynamic Analysis for Casino Parallel Manipulator, Proc. of Tenth World Congress on The Theory of Machines and Mechanisms, Oulul, Finland, 1999, p. 1202-1207.
12. Ceccarelli M., A formulation for the workspace boundary of general n-revolute manipulators. Mechanisms and Machine Theory, Vol. 31, pp. 637-646, 1996.
13. Chen, N-X., Song, S-M., Direct Position Analysis of the 4-6 Stewart Platforms, DE-Vol. 45, Robotics, Spatial Mechanisms and Mecahanical Systems, ASME, 1992, 380-386.
14. Chircor M., Noutăți în cinematica șî dinamica roboților industriali, Editura Fundației Andrei Saguna, Constanța, 1997.
15. Choi J-K., Mori, O., Omata, T., Dynamics and stable reconfiguration of self-reconfigurable planar parallel robots, Advanced Robotics, vol. 18, no. 16, 2004, p.565-582 (18).
16. De Luca A., Zero dynamics in robotic systems. In C.I. Byrnes and A. Kurzhansky editors, Nonlinear Synthesis, pp. 68-87, Birkhauser, Boston, MA, 1991.
17. Denavit J., McGraw-Hill, Kinematic Syntesis of Linkage, Hartenberg R.SN.Y.1964.
18. Devaquet, G., Brauchli, H., A Simple Mechanical Model for the DELTA-Robot, Robotersysteme, vol. 8, 1992, p. 193-199.
19. Di Gregorio, R., Parenti-Castelli, V., Dynamic Performance Indices for 3-DOF Parallel Manipulators, Advances in Robot Kinematics (J. Lenarcic and F. Thomas -edit), 2002, Kluver Academic Publisher, p. 11-20.
20. Do W.Q.D., Yang, D.C.H. (1988). Inverse dynamic analysis and simulation of a platform type of robot. Journal of Robotic Systems, 5(3), p. 209-227.
21. Dombre E., Wisama Khalil, Modelisation et commande des robots, Editions Hermes, Paris 1988.
22. Doroftei Ioan, Introducere în roboții pășitori, Editura CERMI, Iași 1998.
23. Fioretti A., Implementation-oriented kinematics analysis of a 6 dof parallel robotic platform. In 4th IFAC Symp. on Robot Control, Capri, 19-21 Septembre 1994, p. 43-50.
24. Fong T., Design and Testing of a Stewart Platform Augmented Manipulator for Space Applications. Massachusetts Institute of Technology, Master of Science Thesis, 1990.
25. Fu, K.S., Gonzales, R.C., Lee, C.S.G., Robotics: Control, Sensing, Vision and Intelligence, McGraw-Hill Book Company, 1987.
26. Fujimoto, K., a.o., Derivation and analysis of equations of motion for a 6 d.o.f. direct drive wrist joint. In IEEE Int. Workshop on Intelligent Robots and Systems (IROS), Osaka, 1991, p. 779-784.
27. Geng Z. and Haynes L.S. Six-degree-of-freedom active vibration isolation using a Stewart platform mechanism. J. of Robotic Systems, 10(5), July 1993, p. 725-744.
28. Gerstmann, U., Der Getriebeeinfluß auf die Arbeits- und Positionsgenauigkeit, Disertation, VDI Verlag, 1991.
29. Ghorbel F., Chetelat O., Longchamp R., A reduced model for constrained rigid bodies with application to parallel robots. In 4th IFAC Symp. on Robot Control, pages 57-62, Capri, September, 19-21, 1994.
30. Giordano, M., Structure Mechanique des Robots et Manipulateurs en Chaines Complex, Le Point en Robotique, France, vol. 2, 1985.
31. Goldsmith, P.B., Kinematics and Stiffness of a Simmetrical 3-UPU Translational Parallel Manipulator, Proc. of the 2002 IEEE, International Conference on Robotics &Automation, Washington DC, 2002, p. 4102-4107.
32. Guglielmetti, P., Longchamp, R., A Closed Form Inverse Dynamics Model of the DELTA Parallel Robot, Symposium on Robot Control, Capri, Italia, 1994, p. 51-56.
33. Guilin Yangt - Design and Kinematic Analysis of Modular Reconfigurable Parallel Robots, International Conference on Robotics & Automation, Detroit, Michigan, 1999.
34. Hale, Layon C., Principles and Techniques for Designing Precision Machines. UCRL-LR-133066, Lawrence National Laboratory, 1999.
35. Hartemberg R.S. and J.Denavit, A kinematic notation for lower pair mechanisms, J. appl.Mech. 22,215-221 (1955).
36. Hasegawa, Matsushita, Kanedo, On the study of standardisation and symbol related to industrial robot in Japan, Industrial Robot Sept.1980.
37. Hayes, M.J.D., Husty, M.L., Zsombor-Murray, P.J., Solving the Forward Kinematics of a Planar Three-Legged Platform with Holonomic Higher Pairs, Transactions of the ASME, Vol. 121, June 1999, p. 212-219.
38. Hesselbach, J., Plitea, N., Kerle, H., Frindt, M., Bewegungsvorrichtung mit Parallelstruktur, Patentschrift DE 198 40 886 C2, 13.03.2003, Deutsches Patent –und Markenamt, Bundesrepublik Deutschland.

39. Hockey, The Method of Dynamically Similar Systems Applied to the Distribution of Mass in Spatial Mechanisms, Jnl. Mechanisms Volume 5, Pergamon Press, 1970, p. 169-180.
40. Hollerbach J.M., Wrist-partitioned inverse kinematic accelerations and manipulator dynamics, International Journal of Robotic Research 2, 61-76 (1983).
41. Huang, M.Z., Ling, S.-H., Sheng, Y., A Study of Velocity Kinematics for Hybrid manipulators with Parallel-Series Configurations, IEEE, Vol. I, 1993, p. 456-460.
42. Hudgens, J.C., Tesar, D., A Fully-Parallel Six Degrees-of Freedom Micromanipulator: Kinematic Analysis and Dynamic Model, Proceedings of the 5th International Conference on Advanced Robotics (ICAR), 1991, p. 814-820.
43. Husty, M.L., An Algorithm for Solving the Direct Kinematics of General Stewart-Gough Platforms, Mechanism and Machine Theory, Vol. 32, No. 4., p. 365-379.
44. Ion I., Ocnărescu C., Using the MERO-7A Robot in the Fabrication Process for Disk Type Pieces. In CITAF 2001, Tom 42, Bucharest, Romania, pp. 345-351.
45. Ivănescu M., Roboți industriali. Editura Universității Craiova 1994.
46. Ji, Z., Dynamic decomposition for Stewart platform. ASME J. of Mechanical Design, 116 (1), 1994, p. 67-69.
47. Jo, D.,Y., Workspace Analysis of Multibody Mechanical Systems Using Continuation Methods, Journal of Mechanisms, Transmissions and Automation in Design, vol. 111, 1989, p. 581-589.
48. N. Joni, A. Dobra, M. Nitulescu, Actual Distribution and Midterm Development Prognosis of Industrial Robots in Romania. Lucrarile conferintei RAAD 2009, 25-27 Mai, Brasov, pag.107.
49. Kane T.R., D.A. Levinson, The use of Kane's dynamic equations in robotics, International Journal of Robotic Research, Nr. 2/1983.
50. Kazerounian K., Gupta K.C., Manipulator dynamics using the extended zero reference position description, IEEE Journal of Robotic and Automation RA-2/1986.
51. Kerle, H., Krefft, M., Hesselbach, J., Plitea, N., Vorschubeinrichtung für Werkzeugmaschinen, Patentanschrift, Bundesrepublik Deutschland, deutsches Patent- und markenamt, DE 102 30 287 B3 2004.01.08, Anmeldetag 05.07.2002, Veröffelntichungstag der Patentverteilung, 08.01.2004 (patent Nr. 102.287.1-14).
52. Khalil W. - J.F.Kleinfinger and M.Gautier, Reducing the computational burden of the dynamic model of robots, Proc. IEEE Conf.Robotics ana Automation, San Francisco, Vol.1, 1986.
53. Kim, H.S., Tsai, L-W., Kinematic Synthesis of Spatial 3-RPS Parallel Manipulators, DETC'02, ASME 2002 Design Engineering Technical Conferences and Computers and Information in Engineering Conference, Canada, 2002, p. 1-8.
54. Kohli D., Hsu M.S., The Jacobian analysis of workspaces of mechanical manipulators. Mechanisms and Machine Theory, Vol. 22(3), pp. 265-275, 1987.
55. Kovacs Fr, C. Rădulescu, Roboți industriali, Universitatea Timișoara, 1992.
56. Krockenberger O., Industrial robots for the automotive industry, SAE journal, nr. 6/1998.
57. Kyriakopoulos K. J. and G.N.Saridis - Minimum distance estimation and collision prediction under uncertainty for on line robotic motion planning, International Journal of Robotic Research 3/1986.
58. Lebret, G., Liu, K., Lewis, F.L., Dynamic Analysis and Control of a Stewart Platform Manipulator, Journal of Robotic Systems 10(5), 1993, 629-655.
59. Lee, W.H., Sanderson, A.C., Dynamic Analysis and Distributed Control of the Tetrarobot Modular Reconfigurable Robotic System, Autonomous Systems, vol.10, no.1, 2001, p.67-82 (16).
60. Li, D., Salcudean, T., Modeling, simulation and control of hydraulic Stewart platform. In IEEE Int. Conf. on Robotics and Automation, Albuquerque, 1997, p. 3360-3366.
61. Liegeois, A., Fournier, A., Utilisation des Equations de Lagrange pour la Commande en Temps Reel d'un Robot de Peinture et de Manutention. Contract RNUR/LAM, Montpellier, France, 1979.
62. Liu, X-J., Kim, J., A New Three-Degree-of-Freedom Parallel Manipulator, Proc. of the IEEE International Conference on Robotics6Automation, 1155-1160, 2002.
63. Lorell K., et al, Design and preliminary test of precision segment positioning actuator for the California Extremely Large Telescope. Proceedings of the SPIE, Volume 4840, pp. 471-484, 2003.
64. Luh J.S.Y., Walker M.W., Paul R.P.C., Online computational scheme for mechanical manipulators, Journal of Dynamic Systems Measures and Control 102/1980.
65. Ma O., Dynamics of serial - typen-axis robotic manipulators, Thesis, Department of Mechanical Engineering, McGill University, Montreal,1987.
66. I. Maniu, S. Varga, C. Radulescu, V. Dolga, I. Bogdanov, V. Ciupe – Robotica. Aplicatii robotizate, Ed.Politehnica, Timisoara 2009, ISBN 978-973-625-842-8.
67. McCallion, H., Truong, P. D., The Analysis of a Six-Degree-of-Freedom Work Station for Mechanised Assembly, Proceedings of the Fifth World Congress on Theory of Machines and Mechanisms, Montreal, 1979.
68. Merlet, J.-P., Parallel robots, Kluver Academic Publisher, 2000.
69. Miller, K., Optimal Design and Modeling of Spatial Manipulators, The International Journal of Robotics research, vol.23, 2004, p. 127-140 (14).
70. Minotti, P., Decouplage Dynamique des Manipulateurs. Prepositions de Solutions Mecaniques, Mech. Mach. Theory, vol 26, nr.1, 1991, p 107-122.
71. Mitrea M., Asigurarea calității în fabricația de autovehicule militare, Editura Academiei Tehnice Militare, București, 1997.
72. Ocnărescu C., The Kinematic and Dynamics Parameters Monitoring of Didactic Serial Manipulator, Proceedings of International Conference of Advanced Manufacturing Technologies, ICAMaT 2007, Sibiu, pp. 223-228.
73. Omri J.El., Kinematic analysis of robotic manipulators. PhD Thesis, University of Nantes, 1996 (in french).
74. Papadopoulous E., Path planning for space manipulators exhibiting nonholonomic behavior. Proceedings of the IEEE/RSJ Int. Workshop on Intelligent Robots Systems, pp. 669-675, 1992.
75. Parenti C.V., Innocenti C., Position Analysis of Robot Manipulators: Regions and Subregions. In Proc. of International Conf. on Advances in Robot Kunematics, pp. 150-158, 1988.
76. Petrescu F.I., Grecu B., Comănescu Adr., Petrescu R.V., Some Mechanical Design Elements, Proceedings of International Conference Computational Mechanics and Virtual Engineering, COMEC 2009, October 2009, Brașov, Romania, pp. 520-525.